普通高等教育"十三五"规划教材

计算机基本技能训练
（第二版）

主　编　范　勇

副主编　谢先博　周　勇　何光发　雷全水

中国水利水电出版社
www.waterpub.com.cn

内 容 提 要

本书通过梳理职场中工作人员的计算机办公操作技能入手,力求全面思考高校学子在职场中扮演办公人员"角色"时应该受到哪些办公技能的训练。通过相关的 Office 操作实例,引导读者,尤其是在校学生通过本教材学习具备一定的办公室工作技能,为毕业入职提供助力。全书共 11 章,通过多个实例基本涵盖了 Office 2010 的三个组件 Word、Excel、PowerPoint 的实际操作,前 4 章为 Word 的操作实例,第 5 章到第 8 章为 Excel 操作实例,剩余章节为 PowerPoint 操作实例。

我们知道随着计算机技术的不断发展及网络技术的不断提高,信息技术在人们日常工作和生活中越来越普及,越来越受到重视,这也引起了办公室里以信息化为主线的技术变革。本书围绕信息化下的高效办公,以技能培养为主线,引导读者在了解一定的职业规范的前提下,掌握处理办公环境中综合问题的能力。

本书适合具有一定计算机基础的读者,可作为高校多层次计算机基础教学的高层次补充教材。建议可在培训学生的 Office 基本技能训练中将其作为教学内容或参考书,也可作为高等院校(含部分专科和高职院校)、远程教育机构在管理、财经、文史类办公自动化教学中作为教材或参考书。希望为有志于提升计算机办公操作技术水平的有关人员提供帮助。

图书在版编目(CIP)数据

计算机基本技能训练 / 范勇主编. -- 2版. -- 北京:中国水利水电出版社, 2016.8(2024.1重印)
 普通高等教育"十三五"规划教材
 ISBN 978-7-5170-4527-4

Ⅰ. ①计… Ⅱ. ①范… Ⅲ. ①电子计算机-高等学校-教材 Ⅳ. ①TP3

中国版本图书馆CIP数据核字(2016)第161732号

策划编辑:寇文杰　　　责任编辑:张玉玲　　　封面设计:李 佳

书　　名	普通高等教育"十三五"规划教材 计算机基本技能训练(第二版)
作　　者	主　编　范勇 副主编　谢先博　周　勇　何光发　雷全水
出版发行	中国水利水电出版社 (北京市海淀区玉渊潭南路1号D座　100038) 网址:www.waterpub.com.cn E-mail:mchannel@263.net(答疑) 　　　　sales@mwr.gov.cn 电话:(010)68545888(营销中心)、82562819(组稿)
经　　售	北京科水图书销售有限公司 电话:(010)68545874、63202643 全国各地新华书店和相关出版物销售网点
排　　版	北京万水电子信息有限公司
印　　刷	三河市鑫金马印装有限公司
规　　格	184mm×260mm　16开本　13.25印张　325千字
版　　次	2015年8月第1版　2015年8月第1次印刷 2016年8月第2版　2024年1月第11次印刷
印　　数	50501—52500册
定　　价	36.00元(赠1DVD)

凡购买我社图书,如有缺页、倒页、脱页的,本社营销中心负责调换

版权所有·侵权必究

第二版前言

教育部计算机专业教学指导委员会在"关于进一步加强高校计算机基础教学的几点意见"中提出了新的计算机基础教学的指导性方案,指出计算机基础课程是一门或一组必修的基础课,其教学内容应适合各种专业领域;提出了非计算机专业计算机基础教学应达到的基本要求,包括系统了解和掌握计算机软硬件基础知识、数据库技术、多媒体技术、网络技术、程序设计等方面的基本概念与原理,了解信息技术的发展趋势,熟悉典型的计算机及网络操作环境与工作平台,具备使用常用软件工具处理日常事务的能力和培养学生良好的信息素养等,为专业学习奠定必要的计算机基础。

全国高等学校计算机基础教育研究会在《中国高等院校计算机基础教学课程体系(2004)》中提出了更为具体的建设性方案,指出在非计算机专业的计算机基础教育中,要使学生把计算机技术和自己从事的专业领域相结合,创造出新成果。应突出培养学生应用计算机的综合能力,包括概念性基础、技术与方法和应用技能几个层次。在信息素养方面,应具有信息意识、信息知识、信息能力、信息道德等综合素质。

本书是《计算机基本技能训练》的第二版。书中通过多个实例基本涵盖了 Office 2010 的三个组件 Word、Excel、PowerPoint 的实际操作内容。第二版继承了第一版的组织方式,针对第一版教材中部分实例存在不适合实践教学环节的问题,对目前各个章节的实例和范例进行了重新梳理和修改,重点突出了"计算机基本技能训练"课程实践性、技能性的特点,采用"精讲多练"的教学模式组织内容。本书可作为各类高等学校计算机入门课程的教材,也可供计算机初学者使用。作者力求基于系统理论,注重实际应用,符合现代教育理念,详略得当,以便给学生留有一定的自主学习空间,从而有助于培养学生的创新精神和实践能力。

本书的编写人员都是多年从事高校计算机基础教学的专职教师,具有丰富的理论知识和教学经验,书中不少内容就是对实践经验的总结。本书由范勇任主编(负责全书统稿工作),谢先博、周勇、何光发、雷全水任副主编,具体编写分工如下:第1~4章由谢先博编写,第5章雷全水编写,第6~8章由周勇编写,第9~11章由何光发编写。

由于时间仓促及编者水平有限,书中疏漏甚至错误之处在所难免,恳请广大读者批评指正。

编　者

2016 年 7 月

第一版前言

教育部计算机专业教学指导委员会在《关于进一步加强高校计算机基础教学的几点意见》中提出了新的计算机基础教学的指导性方案，指出计算机基础课程是一门或一组必修的基础课，其教学内容应适合各种专业领域；指出了非计算机专业计算机基础教学应达到的基本要求，包括系统了解和掌握计算机软硬件基础知识、数据库技术、多媒体技术、网络技术、程序设计等方面的基本概念与原理，了解信息技术的发展趋势，熟悉典型的计算机及网络操作环境与工作平台，具备使用常用软件工具处理日常事务的能力和培养学生良好的信息素养等，为专业学习奠定必要的计算机基础。

全国高等学校计算机基础教育研究会在《中国高等院校计算机基础教学课程体系（2004）》中提出了更为具体的建设性方案，指出在非计算机专业的计算机基础教育中，要使学生把计算机技术和自己从事的专业领域相结合，创造出新成果。应突出培养学生应用计算机的综合能力，包括概念性基础、技术与方法和应用技能几个层次。在信息素养方面，应具有信息意识、信息知识、信息能力、信息道德等综合素质。

高校非计算机专业学生的计算机教育应该使学生掌握应用计算机解决实际问题的综合能力，使学生提高信息素养，增强信息意识，掌握信息知识，提高信息能力，具备信息道德，成为既熟悉本专业知识又掌握计算机应用技术的复合型人才。

本书力求基于系统理论，注重实际应用，符合现代教育理念，详略得当，以便给学生留有一定的自主学习空间，有助于培养学生的创新精神和实践能力。计算机基础课能够比较充分地发挥信息化学习环境优势，使学生掌握信息时代的学习方法和学习手段。

本书的编写人员都是多年从事高校计算机基础教学的专职教师，具有丰富的理论知识和教学经验，书中很多内容就是对实践经验的总结。本书由范勇任主编，谢先博、周勇、王庆凤、郑一露任副主编，具体编写分工如下：第1~3章由谢先博编写，第4章和第5章由郑一露编写，第6~8章由王庆凤编写，第9~11章由周勇编写。

由于时间仓促及编者水平有限，书中疏漏甚至错误之处在所难免，恳请广大读者批评指正。

编　者
2015年7月

目　　录

第二版前言

第一版前言

第一部分　Word 软件应用

第 1 章　Word 基本操作 ………………… 1
- 1.1　实例简介 …………………………… 1
- 1.2　实例制作 …………………………… 2
  - 1.2.1　新建 Word 文档 ……………… 2
  - 1.2.2　文字录入 …………………… 2
  - 1.2.3　Word 基本操作环境介绍 …… 3
  - 1.2.4　字体格式设置 ……………… 4
  - 1.2.5　段落格式设置 ……………… 7
  - 1.2.6　格式复制与清除 …………… 9
  - 1.2.7　图文混排 …………………… 10
  - 1.2.8　文字表格转换 ……………… 11
  - 1.2.9　添加脚注 …………………… 12
  - 1.2.10　流程图的绘制 …………… 13
  - 1.2.11　插入封面 ………………… 14
- 1.3　实例小结 ………………………… 15
- 1.4　拓展练习 ………………………… 16

第 2 章　公文制作 …………………… 21
- 2.1　实例简介 ………………………… 21
- 2.2　宣传海报实例制作 ……………… 22
  - 2.2.1　打开文档 …………………… 23
  - 2.2.2　设置文档页面 ……………… 23
  - 2.2.3　字体设置 …………………… 27
  - 2.2.4　链接 Excel 工作表对象 …… 30
  - 2.2.5　首字下沉 …………………… 31
  - 2.2.6　报名流程制作 ……………… 31
  - 2.2.7　图片编辑 …………………… 33
- 2.3　邀请函实例制作 ………………… 34
  - 2.3.1　打开文档 …………………… 35
  - 2.3.2　设置文档页面 ……………… 35
  - 2.3.3　设置文档字体 ……………… 36
  - 2.3.4　设置文档段落 ……………… 36
  - 2.3.5　插入和编辑图片 …………… 37
  - 2.3.6　插入和编辑页眉 …………… 37
  - 2.3.7　邮件合并 …………………… 38
- 2.4　实例小结 ………………………… 41
- 2.5　拓展练习 ………………………… 41

第 3 章　长文档的编辑排版 ………… 44
- 3.1　长文档编辑排版简介 …………… 44
- 3.2　公司战略规划文档的制作 ……… 44
  - 3.2.1　文档页面设置 ……………… 46
  - 3.2.2　样式复制 …………………… 47
  - 3.2.3　样式应用 …………………… 49
  - 3.2.4　查找和替换 ………………… 50
  - 3.2.5　样式修改 …………………… 52
  - 3.2.6　插入分节符 ………………… 54
  - 3.2.7　插入页眉 …………………… 55
  - 3.2.8　插入图表 …………………… 57
  - 3.2.9　插入图表标题及标题的自动编号 … 58
- 3.3　论文《黑客技术》的排版 ……… 59
  - 3.3.1　页面设置 …………………… 61
  - 3.3.2　正文样式修改 ……………… 61
  - 3.3.3　设置首字下沉 ……………… 63
  - 3.3.4　应用样式 …………………… 64
  - 3.3.5　插入分节符 ………………… 65
  - 3.3.6　自动生成目录 ……………… 65
  - 3.3.7　设置页眉页脚 ……………… 66
  - 3.3.8　文字与表格的转换 ………… 68
  - 3.3.9　表格标题设置 ……………… 70

3.3.10 应用文档主题 70
3.4 主控文档与子文档 71
  3.4.1 创建主控文档 72
  3.4.2 新建子文档 73
  3.4.3 插入子文档 73
  3.4.4 拆分较长的子文档 75
  3.4.5 子文档重命名 78
  3.4.6 展开和折叠子文档 79
  3.4.7 锁定子文档 80
  3.4.8 删除子文档 81
  3.4.9 合并子文档 81
3.5 实例小结 82
3.6 拓展练习 82

第4章 常用办公表格制作 83
4.1 实例简介 83
4.2 实例制作 84
  4.2.1 表格的新建与删除 84
  4.2.2 合并和拆分单元格 86
  4.2.3 调整改变行高和列宽 87
  4.2.4 美化表格 89
  4.2.5 绘制斜线表头 90
  4.2.6 表格与文本的转换 91
4.3 实例小结 94
4.4 拓展练习 95

第二部分 Excel 软件应用

第5章 销售业绩表制作 98
5.1 实例简介 98
5.2 实例制作 99
  5.2.1 新建 Excel 工作簿 99
  5.2.2 保存 Excel 工作簿 99
  5.2.3 重命名工作表 101
  5.2.4 数据录入 101
  5.2.5 数据有效性设置 104
  5.2.6 图片插入 105
  5.2.7 表格美化 106
  5.2.8 条件格式使用 111
  5.2.9 打印设置 112
5.3 实例小结 117
5.4 拓展练习 117

第6章 公司年度差旅报销管理 121
6.1 实例简介 121
6.2 实例制作 122
  6.2.1 自定义日期格式 122
  6.2.2 LEFT 函数使用 123
  6.2.3 IF、WEEKDAY 函数的嵌套使用 126
  6.2.4 VLOOKUP 函数的使用 128
  6.2.5 SUMIFS 函数的使用 129
6.3 实例小结 130
6.4 拓展练习 131

第7章 学生成绩管理 135
7.1 实例简介 135
7.2 实例制作 136
  7.2.1 数据列表格式化 136
  7.2.2 条件格式功能使用 139
  7.2.3 SUM、AVERAGE 函数使用 141
  7.2.4 MID 函数使用 143
  7.2.5 复制工作表 145
  7.2.6 数据排序 146
  7.2.7 分类汇总 148
  7.2.8 图表制作 148
7.3 实例小结 150
7.4 拓展练习 150

第8章 全国人口普查数据分析 154
8.1 实例简介 154
8.2 实例制作 154
  8.2.1 外部数据导入 155
  8.2.2 套用表格样式 156
  8.2.3 合并工作表内容 158
  8.2.4 公式计算 159
  8.2.5 数据透视表与数据筛选 160
8.3 实例小结 163
8.4 拓展练习 164

第三部分　PowerPoint 软件应用

第 9 章　演示文稿基本制作实例 …… 166
9.1　演示文稿基本制作实例 …… 166
9.2　实例制作 …… 167
9.2.1　新建演示文稿 …… 167
9.2.2　保存演示文稿 …… 168
9.2.3　新增幻灯片 …… 169
9.2.4　字体与段落的设置 …… 171
9.2.5　插入表格、SmartArt 和页脚 …… 173
9.2.6　创建超链接 …… 176
9.2.7　应用主题 …… 177
9.2.8　切换效果设置 …… 179
9.2.9　设置自定义动画效果 …… 179
9.2.10　设置放映方式 …… 180
9.2.11　打包演示文稿 …… 181
9.3　实例小结 …… 182
9.4　拓展练习 …… 183

第 10 章　大学生求职简历演示文稿制作 …… 184
10.1　实例简介 …… 184
10.2　实例制作 …… 185
10.2.1　封面幻灯片设计 …… 185
10.2.2　基本信息展示幻灯片设计 …… 186
10.2.3　个人能力综合展示幻灯片设计 …… 187
10.2.4　个人能力专项展示幻灯片设计 …… 191
10.2.5　结束幻灯片设计 …… 192
10.3　实例小结 …… 192
10.4　拓展练习 …… 193

第 11 章　电子相册演示文稿制作 …… 194
11.1　实例简介 …… 194
11.2　实例制作 …… 195
11.2.1　新建相册演示文稿 …… 196
11.2.2　插入并设置背景音乐 …… 199
11.2.3　设置幻灯片切换效果 …… 200
11.2.4　添加动画效果 …… 200
11.2.5　创建超链接 …… 202
11.2.6　保存电子相册 …… 202
11.2.7　加密电子相册 …… 202
11.3　实例小结 …… 204
11.4　拓展练习 …… 204

第一部分　Word 软件应用

第 1 章　Word 基本操作

学习目标

- 掌握文档的创建和保存
- 熟练掌握 Word 文档的基本编辑和格式化
- 掌握文档的页面设置
- 掌握 Word 流程图绘制
- 掌握 Word 封面制作

1.1　实例简介

Word 的基本操作涉及到文字设置、段落格式设置、图文混排、页眉页脚设置等方面，内容多而分散，本章通过杂志的简单排版将这些基本功能糅合在一起，最终做出如图 1-1 所示的 Word 样张。

图 1-1　Word 样张

操作具体要求如下[①]：

[①] 本书中所有的范例样张、素材均在随书光盘中，请读者自行拷贝。

（1）标题添加文字效果，格式为：

字体：微软雅黑；字号：小初；填充：蓝色渐变填充；并居中对齐。

（2）小标题设置为微软雅黑、四号、加粗、段前段后 0.5 行。

（3）正文部分设置为中文（宋体，五号），西文（Verdana，五号），段落设置为首行缩进。

（4）第一个标题"计算机"三字标注拼音；第一段指定位置加文字边框；正文部分年份加底纹（填充：白色背景，深色 25%；样式：15%）；第三段分为两栏。

（5）在图 1-1 指定位置插入图片，并设置白色边框。

（6）最后一段文字转换为表格，并采用图示表格样式。

（7）给文档第五段中"RISC"增加脚注："特点是所有指令的格式都是一致的，所有指令的指令周期也是相同的，并且采用流水线技术"；字体：宋体；字号：小五。

（8）插入封面并设置背景（填充：渐变色；预设颜色：雨后初晴）。

（9）最后绘制如图 1-1 所示的流程图。

1.2　实例制作

图 1-1 所示的内容为杂志关于"计算机发展史"的文章，要完成图 1-1 样张所示的内容，主要按以下步骤来完成。

（1）文字输入并保存。

（2）字体格式设置。

（3）段落格式设置。

（4）图文混排。

（5）封面设计。

（6）流程图绘制。

1.2.1　新建 Word 文档

新建 Word 文档"Word 基本操作.docx"，并保存在 D:盘的个人文件夹下，操作步骤如下：

（1）启动 Word 2010 程序。

（2）单击工具栏上的"保存"按钮，打开"另存为"对话框。

（3）在"文件名"文本框中输入文件名"Word 基本操作"。

（4）在"保存位置"下拉列表框中，选择目的驱动器 D:盘，双击目标文件夹"01 张三"，如图 1-2 所示。

（5）单击"保存"按钮。

1.2.2　文字录入

新建 Word 文档时，插入点在工作区的左上角闪烁，表明可以在文档窗口中输入文本。在选择好自己熟悉的中文输入法后，可以直接输入如图 1-3 所示的内容。

图 1-2 "另存为"对话框

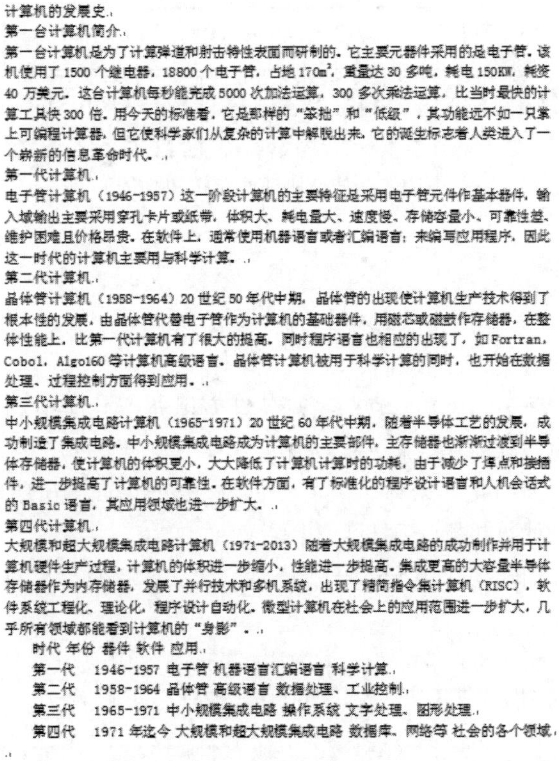

图 1-3 输入内容

1.2.3　Word 基本操作环境介绍

在进行字体设置之前，我们有必要了解下 Word 2010 操作的基本流程。Word 的格式设置基本操作是首先选中目标文字或段落，然后选择"选项卡"找到指定的"功能组"并在其中找到合适的命令按钮来执行操作。"选项卡"和"功能组"如图 1-4 所示。

图 1-4 "选项卡"和"功能组"

Word 2010 有"开始""插入""页面布局""引用""邮件""审阅""视图"7 个基本选项卡,根据选中对象的不同可临时出现"格式"和"设计"等菜单。而每个选项卡又包含很多"功能组","功能组"中包含若干功能按钮,如 ▓▓ 为"字体"按钮。如想快速地知道各个按钮分别执行什么功能,可将鼠标悬停于按钮之上,Word 将自动出现该按钮的按钮名称及注释,如图 1-5 所示。

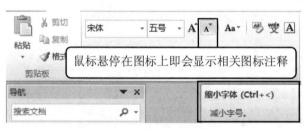

图 1-5 如何快速确定按钮功能

1.2.4 字体格式设置

本例中字体格式设置主要涉及到如下几项:

(1) 标题添加文字效果,格式为:

字体:微软雅黑;字号:小初;填充:蓝色渐变填充;并居中对齐。

(2) 小标题设置为微软雅黑、四号、加粗。

(3) 正文部分设置为中文(宋体、五号)西文(Verdana、五号)。

(4) 第一个标题"计算机"三字标注拼音。

(5) 正文部分年份加底纹(填充:白色背景,深色 25%;样式:15%);第一段指定位置加文字边框。

字体设置的主要操作集中于"开始"选项卡"字体"功能组,如有部分功能未能显示,可单击如图 1-6 所示的按钮,打开"字体"对话框进行更多设置。

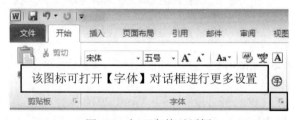

图 1-6 打开字体对话框

本例中字体设置部分需要用到功能按钮如表 1-1 所示。

表 1-1　功能按钮及图标对应关系

按钮	名称
宋体	"字体"按钮
五号	"字号"按钮
文	"拼音指南"按钮
A	"字符边框"按钮
A	"文本效果"按钮
B	"加粗"按钮
Aa	"清除格式"按钮

操作步骤如下：

（1）选中标题"计算机发展史"，单击"开始"选项卡→"字体"功能组→"字号"，从下拉列表中选择"小初"，之后单击"开始"选项卡→"字体"功能组→"文本效果"，设置为"蓝色渐变填充"，如图 1-7 所示。

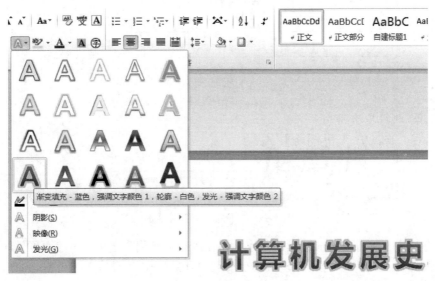

图 1-7　设置"文本效果"

（2）选中小标题分别单击"字号""字体"及"加粗"按钮设置其字体为微软雅黑、四号、加粗。

（3）正文字体无法直接通过"字体"功能组完成，需要单击 按钮，弹出"字体"对话框如图 1-8 所示，并分别设置中文字体：宋体，西文字体：Verdana。

（4）选中第一段"计算机"，单击"开始"选项卡→"字体"功能组→"拼音指南"按钮即可弹出如图 1-9 所示"拼音指南"对话框，确认无误后单击"确定"按钮。

图 1-8 "字体"对话框

图 1-9 "拼音指南"对话框

(5)选中第一段需要添加边框的文字,单击"页面布局"选项卡→"页面边框"功能组,单击"页面边框"按钮→"边框"选项卡。如图 1-10 所示,"设置"为方框,"应用于"为文字,单击"确定"按钮。

扩展:如果要设置段落边框,可以将"应用于"选择为段落。如果要设置整个页面的边框,选择"边框和底纹"对话框的"页面边框"选项卡。

(6)选中正文部分的年份,单击"页面布局"选项卡→"页面边框"功能组,在弹出的"边框和底纹"对话框中选择"底纹"选项卡。在设置界面中分别设置"填充"为白色背景,深色 25%;"样式"为 15%;"应用于"为文字,如图 1-11 所示。

扩展:如果要设置为段落底纹,可以将"应用于"选择为段落。

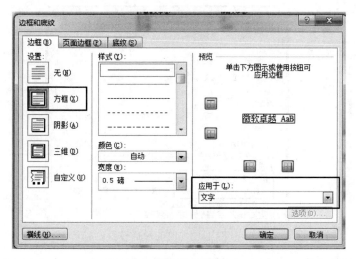

图 1-10　设置文字边框

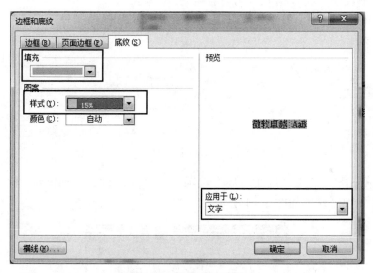

图 1-11　设置文字底纹

1.2.5　段落格式设置

本例中字体格式设置主要涉及到如下三项：
（1）小标题设置段前段后 0.5 行。
（2）正文部分段落设置为首行缩进 2 个字符。
（3）第三段分为两栏。

操作步骤如下：

（1）选中小标题，单击"开始"选项卡→"段落"功能组 按钮，在弹出的"段落"对话框中打开"缩进与间距"选项卡，如图 1-12 所示，找到"段前"和"段后"分别设置为 0.5 行。

扩展：如果需要在"段前""段后"设置其他值如"0.5 厘米"，直接在输入框中输入然后单击"确定"即可。

图 1-12　段前段后设置

（2）选中正文段落，如图 1-12 所示的"段落"对话框中单击"缩进和间距"选项卡，并在"缩进"选项中设置"特殊格式"为首行缩进 2 字符。

扩展：（1）和（2）两步操作也可以通过"页面布局"选项卡→"段落"功能组来实现，如图 1-13 所示。

图 1-13　"页面布局"选项卡

（3）选中第三段，单击"页面布局"选项卡→"页面设置"功能组→"分栏"按钮，单击两栏即可完成分栏操作，如图 1-14 所示。

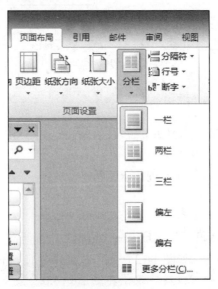

图 1-14　分栏操作

1.2.6 格式复制与清除

在前两节，我们完成了字体格式设置和段落设置，我们应该可以发现部分的格式设置是重复性设置，Word 提供了"格式刷"和"样式"两种方式来完成。如果格式设置错误，可以使用"格式清除"功能清除格式后重新设置。

（1）格式清除。

选中欲清除格式的文字或段落，单击"开始"选项卡→"字体"功能组→"清除格式"按钮，即可清除文字或段落格式。

（2）格式复制。

方式一（格式刷）：选中已完成格式设置的文字或段落，单击"开始"选项卡→"剪贴板"功能组→"格式刷"按钮，然后移动鼠标选中相同格式设置位置即可完成格式复制。

方式二（样式）：选中已完成格式设置的文字或段落，单击"开始"选项卡→"样式"功能组，单击如图 1-15 所示的向下按钮。出现如图 1-16 所示的菜单，单击"将所选内容保存为新快速样式"。

图 1-15　样式新建

图 1-16　新建快速样式

单击后弹出"根据格式设置创建新样式"对话框，将"名称"文本框修改为"自建标题 1"，如图 1-17 所示，单击确定保存。保存后将在"样式"功能组中出现刚刚创建好的样式，如图 1-18 所示。

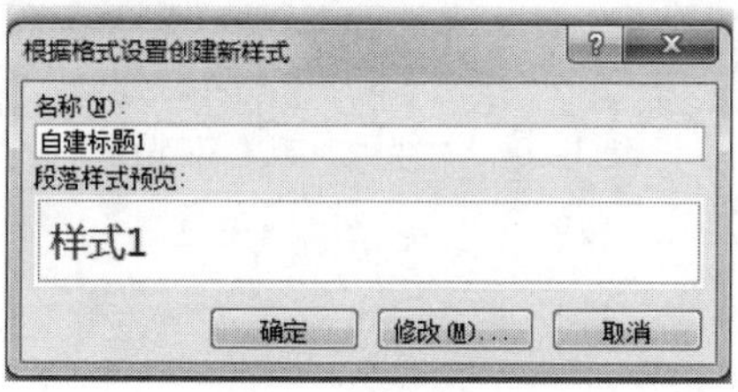

图 1-17　创建新样式

图 1-18　创建新样式

其后可以选中其他文字或段落单击"自建标题 1"即可将刚刚设定好的格式应用到其他文字。

如果需要修改格式，只需选中"自建标题 1"并单击右键，在弹出的列表中单击"修改"按钮，如图 1-19 所示。

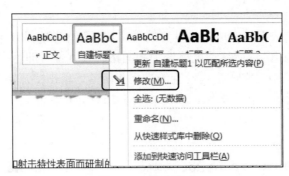

图 1-19　修改样式

如图 1-20 所示，位置 1 可以设置基本格式，单击位置 2 "格式"按钮可以设置更多的格式。

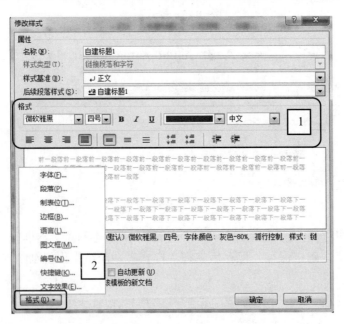

图 1-20　"修改样式"对话框

1.2.7　图文混排

本例中字体格式设置主要涉及到如下内容：

在样张指定位置插入图片,并设置白色边框。

操作步骤为:

(1)单击"插入"选项卡→"插图"功能组→"图片"按钮,选择欲插入的图片。

(2)选中插入的图片单击"格式"选项卡(没有选中图片,该选项卡不会出现如图1-21),在"排列"功能组中找到"自动换行"按钮,单击下拉箭头,即弹出如图1-22所示"文字环绕"列表,一般选择"四周型环绕"。

图 1-21　图文混排设置

图 1-22　"文字环绕"列表

(3)将图片选择"四周型环绕"并拖动图片到指定位置,再次选中图片单击"格式"选项卡→"图片样式"功能组,找到如图1-23所示的图片边框样式"简单边框-白色"应用即可。

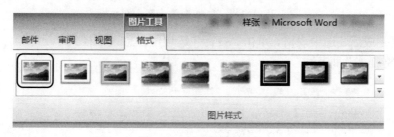

图 1-23　图片边框设置

1.2.8　文字表格转换

此部分要求将最后一段转换为表格其操作步骤如下:

(1)选中最后一段,单击"插入"选项卡→"表格"功能组→"表格"下拉箭头,在弹出的菜单中,单击"文本转换为表格",如图1-24所示。

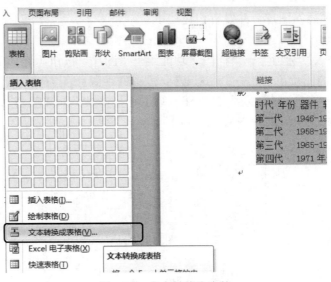

图 1-24 文本转换为表格

（2）在弹出的对话框中检查"列数"是否符合要求及"文字分隔位置"是否为"空格"，确认无误后单击"确定"按钮，如图 1-25 所示。

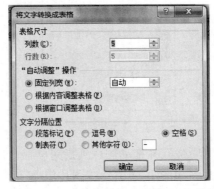

图 1-25 "将文字转换为表格"对话框

（3）设置完成后，选中表格，单击"设计"选项卡→"表格样式"功能组，单击如图 1-26 所示"粉色表格样式"即可。

图 1-26 选择表格样式

1.2.9 添加脚注

在正文第五段找到"RISC"，选中单击"引用"选项卡→"脚注"功能组→"插入脚注"按钮，在页面底端，如图 1-27 所示输入脚注文字即可。如果需要插入"尾注"，可以在该功能组单击"插入尾注"按钮即可完成。

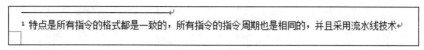

图 1-27　插入脚注

1.2.10　流程图的绘制

绘制流程图主要分成两个部分：绘制基本框架和流程图美化。

绘制流程图框架的步骤如下：

（1）单击"插入"选项卡→"插图"功能组→"形状"按钮，并在"矩形"类型中选择"矩形"命令，在恰当位置拖出一个小矩形，如图 1-28 所示。

图 1-28　绘制矩形

（2）选中小矩形右击，在弹出的右键菜单中选择"添加文字"命令，接着在其中输入文字"第一代计算机"。

（3）用同样的方法绘制其他图形，并在其中输入相应的文字，完成后的效果如图 1-29 所示。

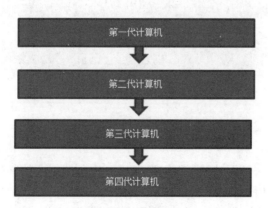

图 1-29　绘制结果

流程图美化步骤如下：

选中矩形，在"格式"选项卡→"形状样式"功能组中为四个矩形分别选择不同的样式，如图 1-30 所示。

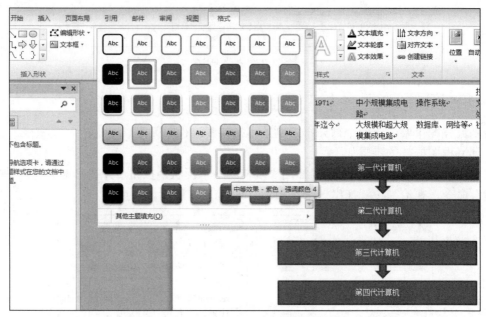

图 1-30　流程图美化

最后的效果如图 1-31 所示。

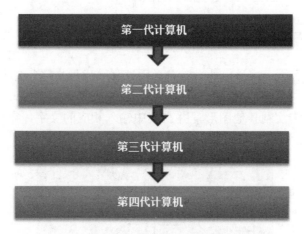

图 1-31　流程图最终效果

1.2.11　插入封面

Word 2010 提供了插入封面功能，我们仅仅需要在预置封面的基础上稍作修改即可得到美观的封面。其操作步骤如下：

（1）单击"插入"选项卡→"页"功能组→"封面"按钮，在出现的下拉列表中选择"透视"型封面（如图 1-32 所示），并输入相应的文字。

（2）在封面背景颜色位置单击右键，在右键菜单中单击"设置形状格式"，在弹出的对话框"填充"一栏找到"预设颜色",选择"预设颜色"为"雨后初晴"。

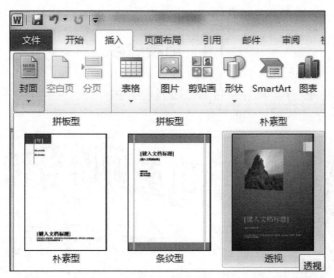

图 1-32　插入封面

扩展:

①封面的图片选择后单击右键,在右键菜单中单击"更改图片"可以实现更改封面图片。
②背景颜色也可以如图 1-33 所示更改为"纯色填充""无填充"等。

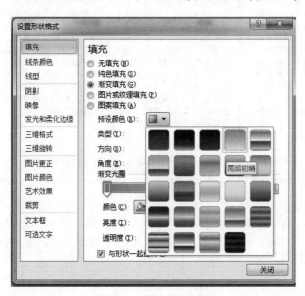

图 1-33　修改封面填充

1.3　实例小结

本章主要以杂志文章的制作为主线,讲解了 Word 文档的排版,包括字符格式、段落格式的设置,图文混排,文字转换为表格,流程图绘制等。

如果要对已经输入的文字进行字符格式化设置，必须先选定要设置的文本；如果要对段落进行格式化设置，必须先选定段落。

1.4 拓展练习

以下所有题目中的文字、图片素材均在随书光盘中。

1. 如图 1-34 所示完成对原文的排版。

图 1-34 拓展练习 1

（1）设置艺术字：标题"风驰电掣 顾盼有神"设置为艺术字，艺术字样式：第 1 行第 2 列；艺术字形状样式：第一行第六列；文本效果：阴影样式 7；文字环绕：上下型；按样张适当调整艺术字的大小和位置。

（2）正文：宋体，五号字，段落首行缩进 2 个字符，单倍行距。

（3）设置边框（底纹）：正文第二段如样张所示加蓝色边框、绿色底纹，底纹图案样式：10%。

（4）设置分栏格式：将正文第 3、4 段设置为三栏格式，加栏间分隔线。

（5）插入图片：依样张插入图片，图片为 HORSE.JPG，适当调整其大小和位置。

（6）设置脚注（尾注）：设置正文第 1 段第 1 行"徐悲鸿"三字添加下划线，并添加尾注"徐悲鸿（1895-1953）江苏宜兴人，曾任中央美院院长，全国美协主席"。

2．根据样张完成对原文的排版，文件名更改为：十大未兑现的世界末日预言，完成后保存。

（1）按样张如图1-35所示，标题设置为：字号：小一；字体：宋体；居中。

图1-35　拓展练习2

（2）按样张所示，正文设置为：行距：1.5 倍行距。

（3）在样张所示位置插入素材 1，并设置缩放为 35%，将图片设置为灰度。

（4）按样张所示位置将段落分为两栏，设置方框并设置底纹为蓝色。

（5）按样张所示将字体颜色设置为红色，并插入尾注：根据《天文学杂志》。

3．根据样张完成对原文的排版，文件名更改为：盘点 2010 年人才市场七宗"最"，如图 1-36 所示。

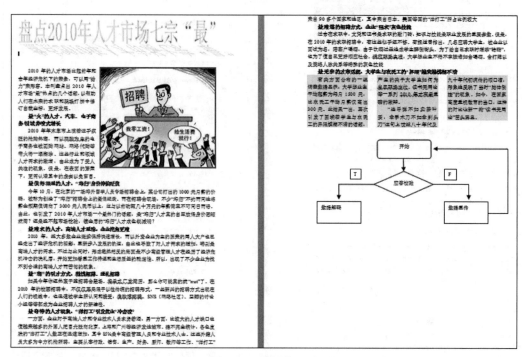

图 1-36　拓展练习 3

（1）按样张所示，标题设置为艺术字，并加阴影。

（2）在样张所示位置插入素材 1，并设置缩放为 40%，设置图片边框：粗细：3 磅；颜色：蓝色。

（3）各段落：首行缩进 2 个字符。

（4）按样张所示位置将段落分为三栏，设置图案样式 10%。

（5）在样张所示位置绘制流程图。

4．根据样张完成对原文的排版，文件名更改为：人际交往，如图 1-37 所示。

（1）标题：艺术字；字体：隶书；字号：28；形状：阴影样式 6；文字环绕：四周型环绕；位置：顶端居中。

（2）正文：首行缩进 2 个字符；段前、段后均 0.5 行；1.5 倍行距。

（3）依样张插入图形素材，图片大小：高度 5 厘米、宽度 7 厘米，加蓝色边框，粗细 3 磅；版式：文字环绕只在左侧，并适当调整位置。

（4）按样张所示，对文字添加底纹：填充色，蓝色 40%；图案，10%红色。

（5）将文档中的"一、二、……、十"设置为标题 1 样式。

图 1-37　拓展练习 4

5．按照样张如图 1-38 所示完成对原文的排版。

（1）设置艺术字：标题"风与智慧"设置为艺术字，艺术字式样：第 1 行第 5 列；字体：黑体；阴影：阴影样式 14；按样张适当调整艺术字的大小和位置。

图 1-38 拓展练习 5

（2）正文设置：字体：宋体，五号字；首行缩进 2 个字符；段前 0.5 行；单倍行距。

（3）设置栏格式：将正文后 3 段设置为二栏格式。

（4）设置边框（底纹）：设置正文第 5 段底纹：图案式样：5%；颜色：浅蓝；边框：设置方框。

（5）插入图片：在样张所示位置插入图片为 EAGLE2.JPG，并根据样张所示设置图片样式。

（6）设置脚注：设置正文第 5 段"那伐鹤语"添加脚注"那伐鹤语为美国西南部印第安人使用的语言"，字号小五。

第 2 章 公文制作

学习目标

(1) 海报和邀请函的创建过程。
(2) 通过"页面布局"设置文档版面与分页操作。
(3) 通过"字体"设置文档字体格式。
(4) 通过"段落"设置文档段落格式与首行缩进。
(5) 通过"选择性粘贴"实现链接 Microsoft Excel 工作表对象。
(6) 通过"插入"设置文档图片和 SmartArt 对象和进行首字下沉操作。
(7) 通过"插入"设置文档页眉和页脚。
(8) 通过"邮件"进行文档邮件合并操作。

2.1 实例简介

本章将通过海报制作和邀请函制作展示常用公文制作中的两种典型案例。

其中"XX校学工处宣传海报"电子文稿讲述利用 Word 2010 软件制作精美宣传海报的方法。通过该例向读者介绍在 Word 2010 中综合运用字体、段落、页面布局、对象插入和复制粘贴链接 Microsoft Excel 工作表对象的方法。"XX校学工处宣传海报"电子文稿的效果如图 2-1 所示。

图 2-1 "XX校学工处宣传海报"电子文稿最终效果图

而"海明公司邀请函"电子文稿讲述利用 Word 2010 软件制作精美邀请函的方法。通过该例向读者介绍在 Word 2010 中综合运用字体、段落、页面布局、图片插入和邮件合并批量制作邀请函的方法。"海明公司邀请函"电子文稿的效果如图 2-2 所示。

图 2-2 "海明公司邀请函"电子文稿最终效果图

2.2 宣传海报实例制作

【实例要求】

为了使学生更好地进行职场定位和职业准备，提高就业能力，某高校学工处将于 2013 年 4 月 29 日（星期五）19:30-21:30 在校国际会议中心举办题为"领慧讲堂——大学生人生规划"就业讲座，特别邀请资深媒体人、著名艺术评论家张三先生担任演讲嘉宾。请根据上述活动的描述和提供的制作素材，按照如下要求，利用 Microsoft Word 制作一份宣传海报：

（1）调整文档版面，要求页面高度 35 厘米，页面宽度 27 厘米，页边距（上、下）为 5 厘米，页边距（左、右）为 3 厘米，并将"素材"文件夹下的图片"Word-海报背景图片.jpg"设置为海报背景。

（2）在"主办：校学工处"位置后另起一页，并设置第 2 页的页面纸张大小为 A4，纸张方向设置为"横向"，页边距设置为"普通"。

（3）将标题设置为"华文琥珀""初号""红色"、居中对齐；"报告题目……校学工处"设置为"宋体""二号"，将该段文字分别设置为"深蓝"和"白色"，将"欢迎大家踊跃参加！"设置为"初号""白色"。

（4）根据页面布局需要调整海报内容中"报告题目""报告人""报告日期""报告时间""报告地点"信息的段落为首行缩进 3.5 字符，"欢迎大家踊跃参加！"设置为居中对齐，"主办"所在段落设置为右对齐。

（5）在"报告人："位置后面输入报告人姓名"张三"。

（6）在第 2 页的"日程安排"段落下面复制本次活动的日程安排表（请参考"素材"文件夹中的"Word-活动日程安排.xlsx"文件），要求表格内容引用 Excel 文件中的内容，如果 Excel 文件中的内容发生变化，Word 文档中的日程安排信息随之发生变化。

（7）设置第 2 页最后一段首字下沉 3 行，字体颜色设置为"白色"。

（8）在第 2 页的"报名流程"段落下面，利用 SmartArt 制作本次活动的报名流程（学工处报名、确认坐席、领取资料、领取门票），调整适当样式和大小。

（9）在第 2 页中更换报告人照片为"素材"文件夹下的 Pic2.jpg 照片，将该照片设置为右对齐，并且不要遮挡文档中的文字内容。

（10）保存所有操作。

【操作基本步骤】

（1）打开"素材"文件夹下的"文档.docx"。
（2）设置文档页面，实现分页和页面设置。
（3）设置文档字体，实现字体、字号和颜色等设置。
（4）设置文档段落，实现首行缩进、对齐等设置。
（5）复制本次活动的日程安排表，实现链接 Microsoft Excel 工作表对象。
（6）通过"插入"实现首字下沉。
（7）插入 SmartArt 对象，制作报名流程。
（8）更换报告人照片和编辑照片。

2.2.1 打开文档

（1）启动 Word 2010，执行"文件"→"打开"命令。
（2）在"打开"对话框中选择"素材"文件夹下的文件"文档.docx"，打开文档。

2.2.2 设置文档页面

宣传海报会根据需要在特定的位置完成分页，同时对不同页面还需要设置特定的版面。为实现实例要求，具体步骤如下：

（1）单击"页面布局"选项卡→"页面设置"功能组右下角的开启按钮 打开"页面设置"对话框。在其中选择"纸张"选项卡，设置"纸张大小"：高度为"35 厘米"，宽度为"27 厘米"，如图 2-3 所示。

图 2-3　设置纸张大小

（2）选择"页边距"选项卡，设置页边距（上、下）为 5 厘米，页边距（左、右）为 3 厘米，如图 2-4 所示。
（3）单击"页面布局"选项卡→"页面背景"功能组→"页面颜色"按钮，打开"页面颜色"下拉列表，在其中选择"填充效果"选项，如图 2-5 所示。

图 2-4 设置页边距

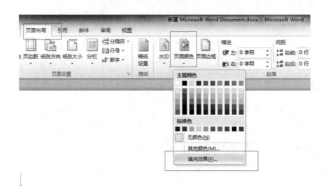

图 2-5 设置页面颜色

（4）在弹出的"填充效果"对话框中选择"图片"选项卡，单击"选择图片"按钮，如图 2-6 所示。

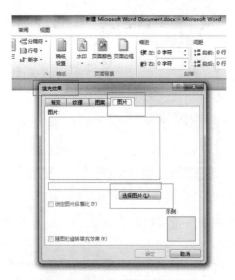

图 2-6 设置页面背景填充效果

（5）在弹出的"选择图片"对话框中选择素材文件夹中的"Word-海报背景图片.jpg"文件，单击"插入"按钮完成背景图片的设置，最后单击"确定"按钮，如图2-7所示。

（6）将鼠标移动到"主办：校学工处"后，单击"页面布局"选项卡→"页面设置"功能组→"分隔符"按钮，在下拉列表中选择"分节符"中的"下一页"完成分页操作，如图2-8所示。

 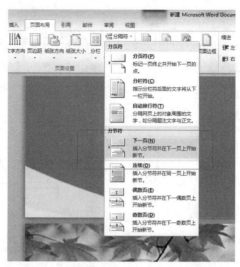

图2-7 设置页面背景图片文件的选取与设置　　　　图2-8 设置分页

（7）将鼠标移动到第2页，单击"页面布局"选项卡→"页面设置"功能组右下角的开启按钮，打开"页面设置"对话框。在其中选择"纸张"选项卡，在"纸张大小"下拉列表框中选择"A4　210×297毫米"，如图2-9所示。

图2-9 选择纸张大小

注意：一定要设置应用范围，具体设置为：选择"应用于"下拉列表框中的"本节"。

（8）单击"页面布局"选项卡→"页面设置"功能组右下角的开启按钮，打开"页面设置"对话框。在其中选择"页边距"选项卡，设置"纸张方向"为"横向"，并应用于本节，如图 2-10 所示。

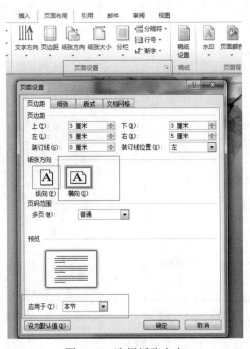

图 2-10　选择纸张方向

（9）在"页面布局"选项卡→"页面设置"功能组中单击"页边距"，在下拉列表中选择"普通"，如图 2-11 所示。

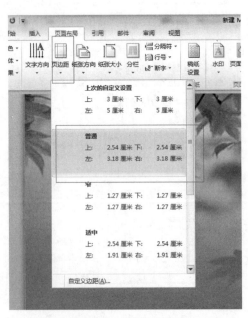

图 2-11　选择页边距

2.2.3 字体设置

好的海报宣传需要主题分明、重点突出，通过文档字体的设置可以进一步强化海报宣传的效果。由于字体设置在第 1 章已经详细讲解过了，在本例设置中将简化讲解设置步骤。按实例要求，具体步骤如下：

（1）选中海报标题："领慧讲堂"就业讲座。在"开始"选项卡→"字体"功能组中，字体选择"华文琥珀"，字号选择"初号"，颜色选择"红色"，在"段落"功能组中设置对齐方式为"居中"，结果如图 2-12 所示。

图 2-12　海报标题字体设置

（2）选中"报告题目……校学工处"文字区域，在"开始"选项卡→"字体"功能组中，字体选择"宋体"，字号选择"二号"，如图 2-13 所示。

图 2-13　选中文字区域设置字体和字号

（3）选中左侧冒号之前的文字，在"开始"选项卡→"字体"功能组中，颜色选择"深蓝"，如图2-14所示。

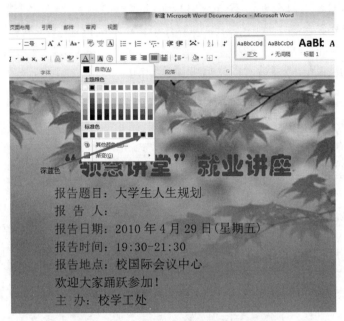

图2-14　选中文字区域设置字体颜色

注意：文字区域的选择方法是：按住 **Ctrl** 键，用鼠标拖选需要的文字。

（4）用同样的方法鼠标拖选其他文字，将字体颜色设置为"白色"，如图2-15所示。

图2-15　选中文字区域设置字体颜色

（5）选中"欢迎大家踊跃参加！"文字块，在"开始"选项卡→"字体"功能组中，字号选择"初号"，如图2-16所示。

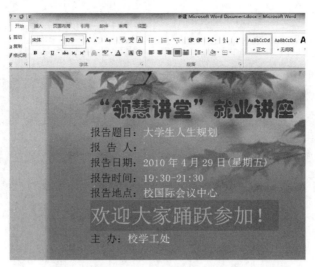

图 2-16　选中文字区域设置字体字号

（6）选中海报中的"报告题目""报告人""报告日期""报告时间"和"报告地点"五段内容；在"开始"选项卡→"段落"功能组中，单击"段落"右下角的开启按钮，在弹出的"段落"对话框中选择"缩进和间距"选项卡，设置"特殊格式"为"首行缩进"，"磅值"为 3.5 字符，如图 2-17 所示。

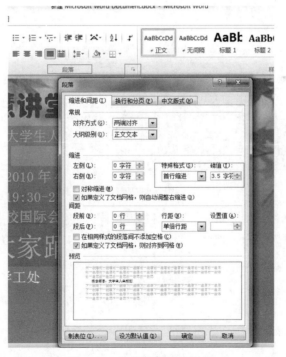

图 2-17　段落首行缩进设置

（7）选中"欢迎大家踊跃参加！"文字块，在"开始"选项卡→"段落"功能组中单击"居中"；选中"主办：校学工处"文字块，在"开始"选项卡→"段落"功能组中单击"右对齐"，如图 2-18 所示。

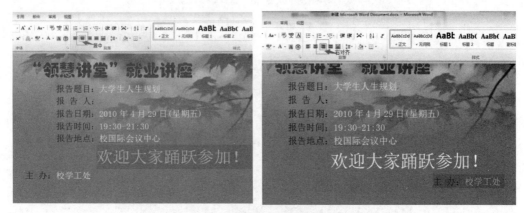

图 2-18　段落对齐方式设置

（8）在"报告人："位置后面输入报告人姓名"张三"，设置字体颜色为"白色"。

2.2.4　链接 Excel 工作表对象

（1）打开"素材"文件夹下的"Word-活动日程安排.xlsx"文件，选择表格数据，单击鼠标右键，在弹出的快捷菜单中选择"复制"选项，如图 2-19 所示。

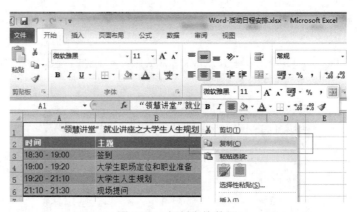

图 2-19　复制表格数据

（2）回到 Word 文档，将光标定位在"日程安排"段落下面；单击"开始"选项卡→"剪贴板"功能组→"粘贴"按钮，选择"选择性粘贴"选项，如图 2-20 所示。

图 2-20　选择性粘贴操作

（3）在弹出的"选择性粘贴"对话框中选择"粘贴链接"单选项，在"形式"列表框中选择"Microsoft Excel 工作表 对象"，单击"确定"按钮完成表格数据的插入，设置及操作结果如图 2-21 所示。

图 2-21　粘贴链接 Excel 工作表

2.2.5　首字下沉

（1）将鼠标定位到第 2 页，选中最后一段内容。在"插入"选项卡→"文本"功能组中，单击"首字下沉"按钮，在下拉列表中选择"首字下沉选项"。在弹出的"首字下沉"对话框中，选择位置为"下沉"，设置下沉行数为 3 行，如图 2-22 所示。

图 2-22　设置首字下沉

（2）选中首字下沉的"张"字，通过"开始"选项卡→"字体"功能组设置字体颜色为"白色"。

2.2.6　报名流程制作

在 Word 2010 中提供了 SmartArt 对象，通过插入和编辑 SmartArt 对象可以非常方便地实现报名流程，具体操作步骤如下：

（1）将鼠标定位到第 2 页的"报名流程"段落下面，单击"插入"选项卡→"插图"功能组→SmartArt 按钮，弹出"选择 SmartArt 图形"对话框，选择"流程"中的"基本流程"，如图 2-23 所示。

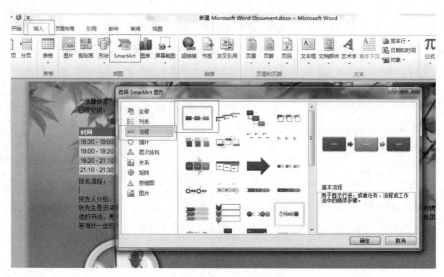

图 2-23　插入 SmartArt 对象

（2）因为基本插入的流程只有三个步骤，根据需要通过"添加形状"添加一个步骤，具体操作为：单击"添加形状"按钮，在弹出的下拉列表中选择"在后面添加形状"选项，如图 2-24 所示。

图 2-24　为 SmartArt 对象添加形状

（3）在"SmartArt 工具"的"设计"选项卡中单击"更改颜色"按钮，在下拉列表中选择对应的彩色样式，如图 2-25 所示。

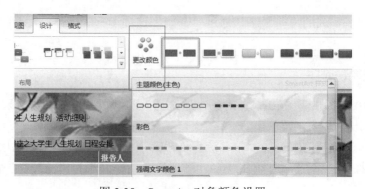

图 2-25　SmartArt 对象颜色设置

（4）设置完成后调整 SmartArt 的大小及位置，结果如图 2-26 所示。

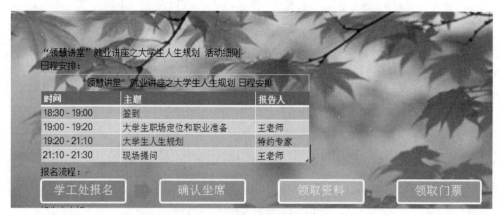

图 2-26　报名流程设置结果

2.2.7　图片编辑

（1）选中第 2 页中的报告人图片，单击鼠标右键，在弹出的快捷菜单中选择"更改图片"选项，如图 2-27 所示。

图 2-27　更改图片设置

（2）弹出"插入图片"对话框，在其中选择"素材"文件夹下的图片文件 Pic2.jpg，单击"插入"按钮完成图片贴换操作，如图 2-28 所示。

（3）选中图片，设置对齐方式为"右对齐"，保存结果，结果如图 2-29 所示。

图 2-28　选择更改图片文件

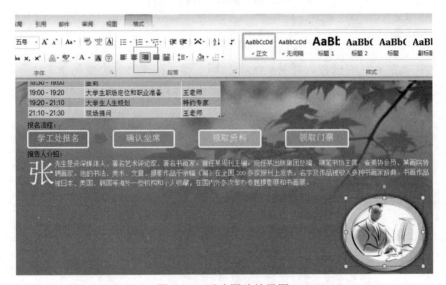

图 2-29　更改图片结果图

2.3　邀请函实例制作

【实例要求】

书娟是海明公司的前台文秘,她的主要工作是管理各种档案,为总经理起草各种文件。新年将至,公司定于 2013 年 2 月 5 日下午 2:00 在中关村海龙大厦办公大楼五层多功能厅举办一个联谊会,重要客户名录保存在名为"重要客户名录.docx"的 Word 文档中,公司联系电话为 010-66668888。请根据上述活动的描述和提供的制作素材,按照如下要求,利用 Microsoft Word 制作请柬:

(1) 调整文档版面,设置文档页面上边距为 3 厘米。

(2) 设置正文所有段落的字体为"方正姚体""小四"、1.5 倍行距。

(3)将标题设置为"黑体""二号""红色"、居中对齐,将"新年将至……联谊会"段落设置为"首行缩进 2 字符",将最后一段文字的对齐方式设置为右对齐。

(4)在请柬的左下角位置以嵌入型插入"素材"文件夹中的"图片 1.png",调整其大小,使其不影响文字排列,不遮挡文字内容。

(5)为文档添加页眉,设置页眉内容为公司联系电话。

(6)运用邮件合并功能将文档中的 XXX 替换为收件人(收件人为"素材"文件夹下的文件"重要客户名录.xlsx"中的每个人)的多份请柬,生成的文档以"请柬.docx"命名保存,原始文档以原名保存。

【操作基本步骤】

(1)文档页面设置。
(2)设置文档字体,实现字体、字号和颜色设置。
(3)设置文档段落,实现首行缩进、对齐和行距设置。
(4)插入和编辑图片。
(5)插入和编辑页眉。
(6)利用邮件合并功能批量制作邀请函。

2.3.1 打开文档

(1)启动 Word 2010,执行"文件"→"打开"命令。
(2)在"打开"对话框中选择"素材"文件夹下的文件"文档.docx",打开文档。

2.3.2 设置文档页面

页面设置在前面已经详细讲解过了,在本例中将简化讲解设置步骤。按照实例要求,具体步骤为:单击"页面布局"选项卡→"页面设置"功能组右下角的开启按钮,打开"页面设置"对话框,在其中选择"页边距"选项卡,设置页边距(上)为 3 厘米,如图 2-30 所示。

图 2-30 设置页边距

2.3.3　设置文档字体

字体设置在前面已经详细讲解过了，在本例中将简化讲解设置步骤。按照实例要求，具体步骤为：选中标题文字"请柬"，单击"开始"选项卡→"字体"功能组，字体选择"黑体"，字号选择"二号"，字体颜色选择"红色"；选中正文文字，字体选择"方正姚体"，字号选择"小四"，如图 2-31 所示。

图 2-31　字体设置

2.3.4　设置文档段落

段落设置在前面已经详细讲解过了，在本例中将简化讲解设置步骤。按照实例要求，具体步骤如下：

（1）选中标题文字"请柬"，单击"开始"→"段落"功能组，对齐方式选择"居中"；选中最后一段文字，对齐方式选择"右对齐"，如图 2-32 所示。

图 2-32　段落对齐方式设置

（2）选中"新年将至……联谊会"段落文字，单击"开始"选项卡→"段落"功能组右下角的开启按钮，在弹出的"段落"对话框中选择"缩进和间距"选项卡，设置"特殊格式"为"首行缩进"，"磅值"为 2 字符，如图 2-33 所示。

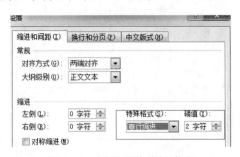

图 2-33　设置段落首行缩进

（3）选中正文所有文字，单击"开始"选项卡→"段落"功能组右下角的开启按钮，在弹出的"段落"对话框中选择"缩进和间距"选项卡，设置"行距"为 1.5 倍行距，如图 2-34 所示。

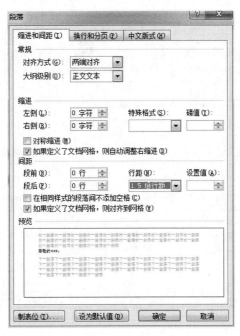

图 2-34　设置段落行距

2.3.5　插入和编辑图片

（1）在落款处回车另起一行并设置光标左对齐，单击"插入"选项卡→"插图"功能组→"插入"按钮，完成图片的插入操作。

（2）插入图片后调整图片大小。选中图片并双击鼠标左键，在"图片工具"的"格式"选项卡中单击"位置"按钮，在下拉列表中选择"嵌入文本行中"，如图 2-35 所示。

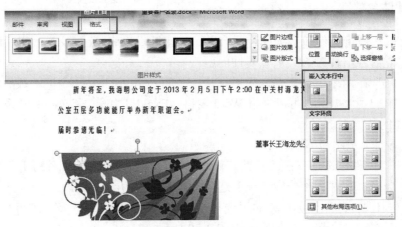

图 2-35　设置图片位置

2.3.6　插入和编辑页眉

（1）单击"插入"选项卡→"页眉和页脚"功能组→"页眉"按钮，在下拉列表中选择"空白"，如图 2-36 所示。

图 2-36　插入文档页眉

（2）在"键入文字"处输入电话号 010-66668888，完成后单击"关闭页眉和页脚"按钮，如图 2-37 所示。

图 2-37　编辑页眉

2.3.7　邮件合并

"邮件合并"是将文件和数据库进行合并，快速批量生成 Word 文档，用于解决批量分发文件或邮寄相似内容信件时的大量重复性问题。

"邮件合并"在两个电子文档之间进行，一个叫"主文档"，一个叫"数据源"。

邮件合并中的"数据源"可以来自 Word 表格、Excel 工作簿、Outlook 联系人列表或者利用 Access 创建的数据表。

根据本例要求，操作步骤如下：

（1）单击"邮件"选项卡→"开始邮件合并"功能组→"开始邮件合并"按钮，在弹出的下拉列表中选择"邮件合并分步向导"选项，如图 2-38 所示。

（2）在"邮件合并"任务窗格的"选择文档类型"向导页中选择"信函"单选项，再单击"下一步：正在启动文档"超链接，如图 2-39 所示。

（3）在打开的"选择开始文档"向导页中选择"使用当前文档"单选项，再单击"下一步：选取收件人"超链接，如图 2-40 所示。

（4）在打开的"选择收件人"向导页中单击"浏览"按钮（如图 2-41 所示），在弹出的"选取数据源"对话框中找到并打开数据源"重要客户名录.xlsx"。

图 2-38　邮件合并分布向导设置

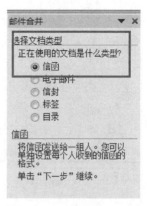

图 2-39　邮件合并文档类型选择

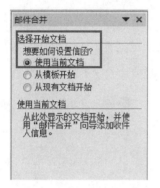

图 2-40　邮件合并文档选择

图 2-41　邮件合并数据源选择

（5）在"选择表格"对话框中选择邀请人员名单信息所在工作表 Sheet1，单击"确定"按钮，如图 2-42 所示，此时将在后台打开数据源并在使用现有列表的下面显示出数据源的名称。

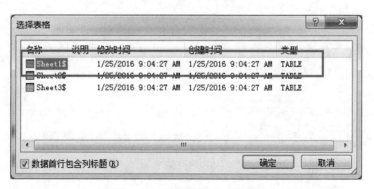

图 2-42　数据源工作表选择

（6）单击"下一步：撰写信函"超链接，打开"撰写信函"向导页，将插入点定位到主文档中需要插入合并域的位置，然后根据需要单击"地址块""问候语"等超链接，本实例单击"其他项目"，如图 2-43 所示。

（7）在弹出的"插入合并域"对话框中，选择"姓名"并单击"插入"按钮（如图 2-44 所示），将文档中的"XXX"删除。

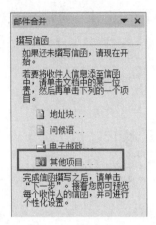 

图 2-43　撰写信函　　　　　　　图 2-44　插入合并域

（8）单击"下一步：预览信函"，在打开的"预览信函"向导页中可以查看信函内容，如图2-45所示，单击"上一个"或"下一个"按钮可以预览其他联系人的信函。

图 2-45　预览信函

（9）确认没有错误后单击"下一步：完成合并"超链接，打开"完成合并"向导页，用户既可以单击"打印"超链接开始打印信函，也可以单击"编辑单个信函"超链接，打开"合并到新文档"对话框，选择要合并的记录，如图2-46所示。

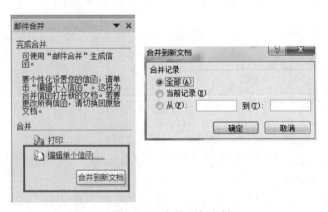

图 2-46　合并到新文档

本实例选择"全部"单选项,则所有的记录都被合并到新文档中,效果如图 2-2 所示。

说明:从图 2-46 中可以看到,在合并数据时,除了可以合并"全部"记录外,还可以只合并"当前记录"或指定范围的部分记录。

(10) 将生成的新文档以"请柬.docx"为名另存到同一文件夹下。

2.4 实例小结

通过实例,读者可以掌握在 Word 2010 中创建宣传海报和邀请函文档所用到的页面设置、标题设置、段落设置、正文字体设置,以及各种图片、页眉页脚、首字下沉和 SmartAart 对象的插入与编辑方法,重点掌握邮件合并操作的技巧,简单总结起来操作可以分四步进行:①创建主文档(即证书或信函中共有的内容);②创建或打开数据源;③在主文档中所需的位置插入合并域名字(将"数据源"中的相应内容以域的方式插入到主文档中);④执行合并操作(将数据源中的可变数据和主文档进行合并,生成一个合并文档或打印输出。)

通过对两个经典实例的学习,可轻松地批量制作证书、邀请函、录取通知书、学生成绩通知单、工资条、信封、准考证、各类宣传海报等。

2.5 拓展练习

1. 某知名企业要举办一场针对高校学生的大型职业生涯规划活动,邀请了多数业内人士和资深媒体人参加,本次活动由著名职场达人东方集团的老总陆达先生担任演讲嘉宾,因此吸引了各高校学生纷纷前来听取讲座。为了使此次活动能够圆满成功,并能引起各高校毕业生的广泛关注,该企业行政部准备制作一份精美的宣传海报。

请根据上述活动的描述,利用 Microsoft Word 2010 制作一份宣传海报,结果如图 2-47 所示。

图 2-47 宣传海报样张

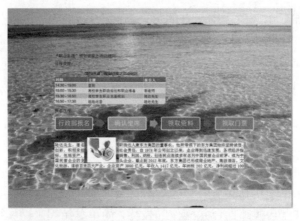

图 2-47　宣传海报样张（续图）

具体要求如下：

（1）调整文档的版面，要求页面高度为 36 厘米，页面宽度为 25 厘米，上下页边距为 5 厘米，左右页边距为 4 厘米。

（2）将"考生"文件夹下的图片"背景图片.jpg"设置为海报背景。

（3）设置标题为"隶书""小二"，正文内容设置为"宋体""小四"。

（4）根据页面布局需要，调整海报内容中的"演讲题目""演讲人""演讲时间""演讲日期"和"演讲地点"信息的段前段后间距为"0 行"，行距设置为"单倍行距"。

（5）在"演讲人："位置后面输入"陆达"；在"主办：行政部"位置后面另起一页，设置第 2 页的页面纸张大小为 A4 类型，纸张方向设置为"横向"，此页页边距为"普通"页边距。

（6）在第 2 页的"报名流程"下面，利用 SmartArt 制作本次活动的报名流程（行政部报名、确认坐席、领取资料、领取门票）。

（7）在第 2 页的"日程安排"段落下面复制本次活动的日程安排表，要求表格内容引用 Excel 文件中的内容，如果 Excel 文件中的内容发生变化，Word 文档中的日程安排信息随之发生变化（所需 Excel 表在"素材"文件夹下）。

（8）更换演讲人照片为"考生"文件夹下的 luda.jpg 照片，将图片调整为"四周型"环绕，调整适当位置。

（9）保存文档。

2. 某高校学生会计划举办一场"大学生网络创业交流会"的活动，拟邀请部分专家和老师给在校学生进行演讲。因此，校学生会外联部需要制作一批邀请函并分别递送给相关专家和老师。根据提供的素材，请按照如下要求完成邀请函的制作，结果如图 2-48 所示：

（1）调整文档版面，要求页面高度为 18 厘米，宽度为 30 厘米，上下页边距为 2 厘米，左右页边距为 3 厘米。

（2）将"考生"文件夹下的图片"背景图片.jpg"设置为邀请函背景。

（3）将段落 1 "大学生网络创业交流会"的字体设置为"微软雅黑"，字号为"二号"，字体颜色为"浅蓝色"，居中对齐；将段落 2 "邀请函"的字体设置为"微软雅黑"，字号为"二号"，字体颜色为"自动"，居中对齐；将文档中的其余文字字体设置为"微软雅黑"，字号为"五号"，字体颜色为"自动"。

（4）将邀请函中正文内容文字段落的对齐方式调整为"首行缩进"，调整"磅值"为"2 字符"；将文中最后两行的文字内容调整为"文本右对齐"。

（5）调整邀请函中"大学生网络创业交流会"和"邀请函"两个段落的间距为单倍行距。

（6）请用"邮件合并"功能在"尊敬的"和"（老师）"文字之间插入拟邀请的专家和老师姓名，拟邀请的专家和老师姓名在"素材"文件夹下的"通讯录.xlsx"文件中。每页邀请函中只能包含一位专家或老师的姓名，所生成的邀请函文档请以"邀请函.docx"为名保存在当前试题文件夹中。

（7）保存文档。

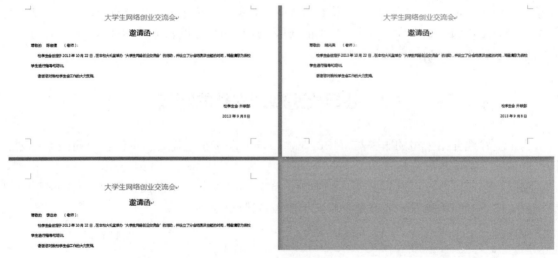

图 2-48　邀请函样张

第 3 章　长文档的编辑排版

学习目标

（1）掌握多级编号的使用。
（2）掌握分节符的使用。
（3）掌握样式的应用、修改、创建。
（4）掌握页眉、页脚的设置。
（5）掌握图、表标题的插入和自动编号。
（6）掌握文档目录的自动生成。
（7）熟悉主控文档与子文档的编辑。

3.1　长文档编辑排版简介

办公过程中往往需要进行大量的文字处理，长文档的编辑排版是经常可能面临的任务，如活动策划、学术论文、项目申报、总结报告等，篇幅长、内容多、划分章节、有图有表。为便于文档的阅读和美观，不能只进行简单的排版，需要掌握其编辑排版的技术。本章通过三个实例来介绍长文档的制作方法与技巧。

3.2　公司战略规划文档的制作

为了更好地介绍公司的服务与市场战略，市场部助理小王需要协助制作公司战略规划文档，并调整文档的外观与格式。

通过该例，读者可以掌握文档页面设置、样式、段落格式、查找和替换、文档分节、页眉设置、图表制作等操作，能够进行长文档的编辑排版。

【实例要求】

（1）调整文档纸张大小为 A4，纸张方向为纵向；调整上下页边距为 2.5 厘米，左右页边距为 3.2 厘米。
（2）打开"Word_样式标准.docx"文件，将其文档样式库中的"标题 1,标题样式一"和"标题 2,标题样式二"复制到 Word.docx 文档样式库中。
（3）将 Word.docx 文档中的所有红色文字段落应用为"标题 1,标题样式一"段落样式。
（4）将 Word.docx 文档中的所有绿色文字段落应用为"标题 2,标题样式二"段落样式。
（5）将文档中出现的全部"软回车"符号（手动换行符）更改为"硬回车"符号（段落标记）。

（6）设置文档中的所有正文段落首行缩进 2 个字符。

（7）为文档添加页眉，设置第一页页眉为"企业摘要"，第二页页眉为"企业描述"，第三页和第四页页眉为"企业营销"，所有页眉均居中对齐。

（8）在文档的第 4 个段落后（标题为"目标"的段落之前）插入一个空段落，并按照下面的数据方式在此空段落中插入一个带数据标记的折线图图表，在图表下方插入题注"公司业务指标"，居中对齐。

	销售额	成本	利润
2010年	4.3	2.4	1.9
2011年	6.3	5.1	1.2
2012年	5.9	3.6	2.3
2013年	7.8	3.2	4.6

"公司战略规划"文档最终效果如图 3-1 所示。

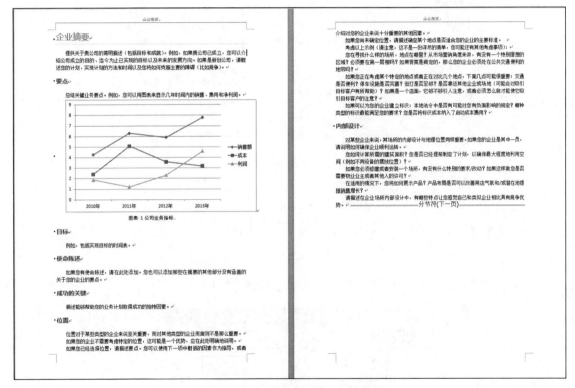

图 3-1　"公司战略规划"文档效果

【操作基本步骤】

（1）打开"素材"文件夹下的 Word.docx 文档。

（2）设置文档页面。

（3）样式复制和应用。

（4）使用替换功能修改"软回车"为"硬回车"。

（5）设置文档段落格式。

（6）设置文档页眉。

（7）段落、图表插入。

具体操作为：打开素材文件 Word.docx，执行下面的操作。

3.2.1 文档页面设置

页面设置是影响文档外观的一个重要因素，包括页边距、纸张大小、页眉版式和页眉背景等。使用 Word 2010 能够排出清晰、美观的版面。

在文档的"页面布局"选项卡→"页面设置"功能组中进行设置。

1. 纸张大小和方向

（1）单击"纸张大小"按钮，在下拉列表中选择 A4，如图 3-2 所示。

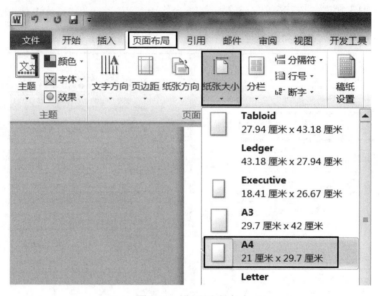

图 3-2　设置纸张大小

（2）单击"纸张方向"按钮，在下拉列表中选择"纵向"。

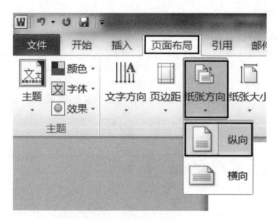

图 3-3　设置纸张方向

2. 页边距
(1) 单击"页面设置"功能组右下角的开启按钮，弹出"页面设置"对话框。
(2) 单击"页边距"选项卡，设置上下页边距为 2.5 厘米，左右页边距为 3.2 厘米。
(3) 选择"应用于"为"整篇文档"，单击"确定"按钮，如图 3-4 所示。

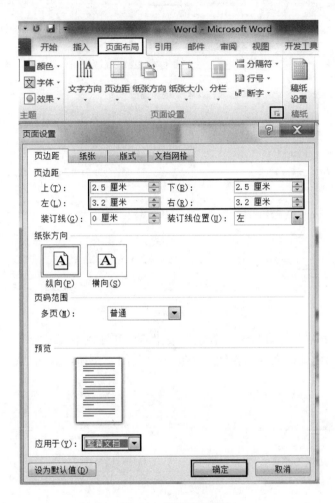

图 3-4　设置页边距

3.2.2　样式复制

所谓"样式"就是应用于文档中的文本、表格和列表的一套格式特征，是已经命名的字符和段落格式，它能迅速改变文档的外观。Word 自身有许多内置的样式，当其提供的内置样式有部分格式定义和需要应用的格式组合不相符时，可以修改该样式，甚至可以重新定义样式，以创建规定格式的文档，还可以从其他文档中复制样式。

(1) 单击"开始"选项卡→"样式"功能组右下角的开启按钮，在"样式"任务窗格中单击下部的"管理样式"按钮，弹出"管理样式"对话框，如图 3-5 所示。

图 3-5 "管理样式"对话框

（2）在其中单击左下角的"导入/导出"按钮，打开样式"管理器"对话框，单击"样式"选项卡，单击右侧的"关闭文件"按钮，再单击"关闭"按钮，如图 3-6 所示。

图 3-6 样式"管理器"对话框

（3）单击"打开文件"按钮，弹出"打开"对话框，在左侧列表中选择"Word_样式标准.docx"文件所在的目录。

（4）单击对话框右下角的"所有 Word 模板"右侧的下拉按钮，在下拉列表框中选择"所有文件"。

（5）在显示的文件列表中选择"Word_样式标准.docx"，再单击"打开"按钮，如图 3-7 所示。

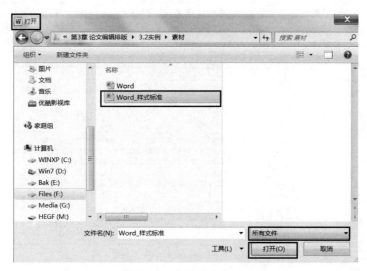

图 3-7　选择样式文档

（6）在右侧列表中选择"标题 1,标题样式一"和"标题 2,标题样式二"，单击"复制"按钮，将"标题 1,标题样式一"和"标题 2,标题样式二"复制到左侧 Word 文档样式库中。

（7）单击样式"管理器"对话框右下角的"关闭"按钮完成样式复制，如图 3-8 所示。

图 3-8　样式复制

3.2.3　样式应用

（1）用鼠标选择文档中的红色文字并按住 Ctrl 键进行多处选择。

（2）单击"开始"选项卡→"样式"功能组→"标题 1,标题样式一"，将该样式应用于红色文字。

（3）绿色文字段落应用为"标题2,标题样式二"段落样式，设置同红色文字设置，如图3-9所示。

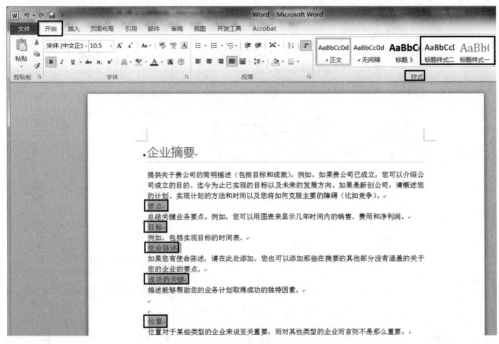

图 3-9　样式应用

3.2.4　查找和替换

在文档中查找某一特定内容，或在查找到特定内容后将其替换为其他内容，可以说是一项费时费力又容易出错的工作。Word 提供了查找与替换功能，使用该功能可以非常轻松快捷地完成操作。

（1）单击"开始"选项卡→"编辑"功能组→"替换"按钮，如图 3-10 所示。

图 3-10　查找和替换

（2）在弹出的"查找和替换"对话框中单击"替换"选项卡，将插入点置于"查找内容"编辑框中，单击左下角的"更多"按钮，如图 3-11 所示。

图 3-11 "替换"选项卡

（3）单击"特殊格式"按钮，在列表中选择"手动换行符"，如图 3-12 所示。

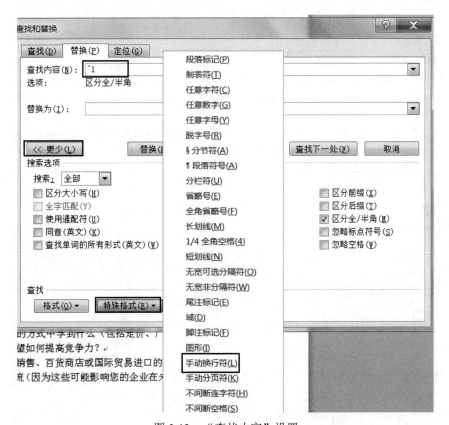

图 3-12 "查找内容"设置

（4）将插入点置于"替换为"编辑框，单击"特殊格式"按钮，在列表中选择"段落标记"，如图 3-13 所示。

（5）单击"全部替换"按钮（如图 3-14 所示），关闭对话框，完成"软回车"符号更改为"硬回车"符号的替换。

图 3-13 "替换为"设置

图 3-14 全部替换

3.2.5 样式修改

(1) 将光标置于正文任意位置,单击"开始"选项卡→"编辑"功能组→"选择"按钮,在下拉列表中选择"选择格式相似的文本",如图 3-15 所示。

图 3-15　修改样式

(2)单击"开始"选项卡→"段落"功能组右下角的开启按钮，在弹出的"段落"对话框中单击"缩进和间距"选项卡,在"缩进"→"特殊格式"下拉列表框中选择"首行缩进","磅值"为 2 字符,单击"确定"按钮完成正文段落格式设置,如图 3-16 所示。

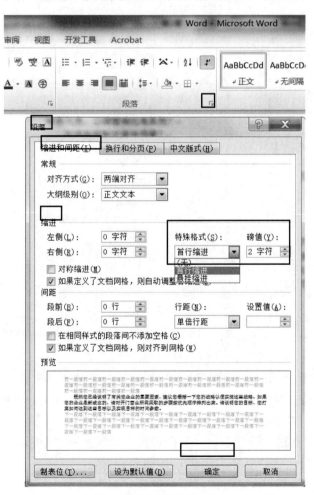

图 3-16　设置段落格式

3.2.6 插入分节符

使用正常模板编辑一个文档时，Word 是将整个文档作为一个大章节来处理的，但在一些特殊情况下，例如要求前后两页、一页中的两部分之间有特殊格式时，操作起来相当不便。

如果把一个较长的文档进行分节，则可以单独设置每节的格式和版式，从而使文档的排版和编辑更加灵活。

本实例要求不同页设置不同的页眉，实现此操作需要在文档中插入分节符。

单击"文件"选项卡→"选项"按钮，在弹出的"Word 选项"对话框中单击"显示"选项卡，勾选右侧中部的"显示所有格式标记"复选项，再单击"确定"按钮，即可方便地观察分节符等标记插入的位置，如图 3-17 所示。

图 3-17 设置显示格式标记

分别在文档的每个"标题 1,标题样式一"最后插入分节符，步骤如下：

（1）将插入点置于需要插入分节符的位置（每一个"标题 1,标题样式一"的最后或下一个"标题 1,标题样式一"之前）。

（2）单击"页面布局"选项卡→"页面设置"功能组→"分隔符"按钮，在下拉列表中选择"分节符"→"下一页"插入分节符，如图 3-18 所示。

（3）重复上两步操作将文档分为三节，效果如图 3-19 所示。

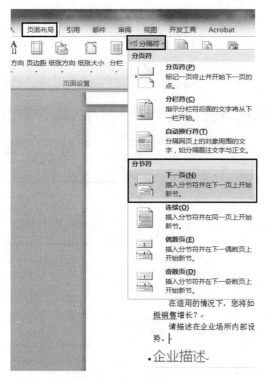

图 3-18　插入分节符

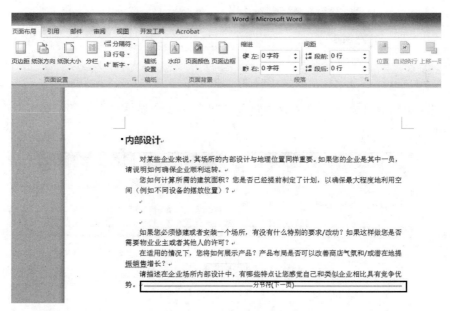

图 3-19　分节符效果示意

3.2.7　插入页眉

页眉和页脚通常用于显示文档的附加信息，如页码、日期、作者名称、单位名称、徽标、章节名称等。其中，页眉位于页面顶部，页脚位于页面底部。Word 可以给文档的每一页建立相同的页眉和页脚,也可以交替更换页眉和页脚,即在奇数页和偶数页上建立不同的页眉和页脚。

(1)将光标定位到"企业摘要"所在的第一节,单击"插入"选项卡→"页眉和页脚"功能组→"页眉"按钮,在下拉列表中选择"空白"插入页眉,如图3-20所示。

图3-20 插入页眉

(2)键入第一节页眉文字"企业摘要",同时Word会显示"页眉和页脚工具"选项卡,如图3-21所示。

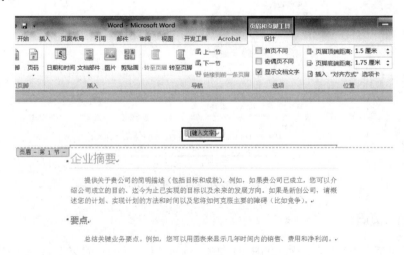

图3-21 设置页眉

（3）将光标定位到第二节页眉位置，此时第二节的页眉显示为"企业摘要"，页眉标注"与上一节相同"。

（4）需要设置本节的页眉不同，在"页眉和页脚工具"选项卡中单击"导航"功能组，取消对"链接到前一条页眉"的选择，如图 3-22 所示。

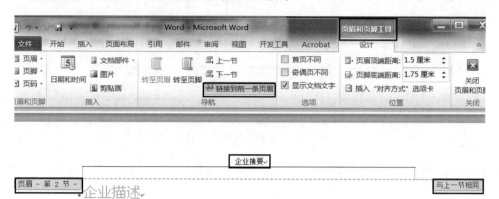

图 3-22 取消页眉链接

（5）键入页眉文字"企业描述"，第三节页眉"企业营销"的设置方法与第二节页眉的设置方法相同。

（6）在文档页眉页脚区外双击鼠标完成页眉设置。

3.2.8 插入图表

Word 提供了建立图表的功能，用来组织和显示信息（通常是数据信息），在文档中适当加入图表可使文本更加直观、生动、形象。

（1）将光标定位到文档的第 4 个段落后（标题为"目标"的段落之前），按回车键插入一个空段落。

（2）单击"插入"选项卡→"插图"功能组→"图表"按钮，如图 3-23 所示。

图 3-23 图表插入

（3）在弹出的"插入图表"对话框中选择"折线图"→"带数据标记的折线图"，单击"确定"按钮，如图 3-24 所示。

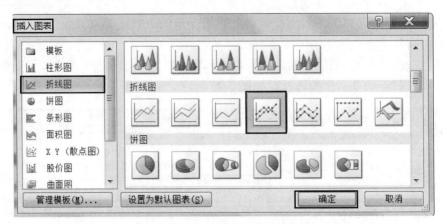

图 3-24 "插入图表"对话框

（4）在打开的 Excel 工作表中输入题目中的表格数据，在文档中即可自动生成相应的折线图。

（5）关闭 Excel 表格完成图表插入，操作效果如图 3-25 所示。

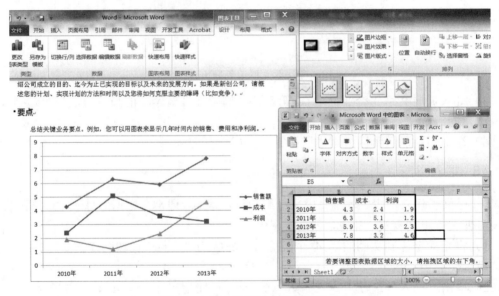

图 3-25 图表数据输入及图表效果

3.2.9 插入图表标题及标题的自动编号

在文档中插入表格、图形、公式时，需要对插入的项目进行顺序编号，Word 为用户提供了自动编号的标题题注。

（1）选择图表，单击"引用"选项卡→"题注"功能组→"插入题注"按钮，弹出"题注"对话框。

（2）单击"新建标签"按钮，弹出"新建标签"对话框，输入新标签名"图表"，单击"确定"按钮，如图 3-26 所示。

图 3-26　新建图表标签

（3）单击"编号"按钮，弹出"题注编号"对话框，设置好题注编号格式、是否"包含章节号"后单击"确定"按钮，如图 3-27（a）所示。

（4）在"题注"文本框中输入图表标题"公司业务指标"，单击"确定"按钮完成图表标题设置，如图 3-27（b）所示。

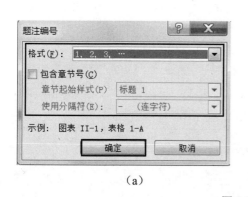
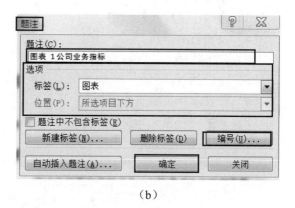

（a）　　　　　　　　　　　　　　　（b）

图 3-27　插入题注

至此，该实例文档要求的所有操作全部完成，保存文档。

3.3　论文《黑客技术》的排版

本实例为长文档的操作。通过该例，读者可以掌握文档页面设置、段落格式设置、首字下沉、样式使用、文档分节、目录自动生成、页眉页脚设置、表格与文字的转换、文档主题的应用等操作，能够熟练对长文档进行编辑排版。

本例将简化某些已经讲解过的设置操作。

【实例要求】

打开文档 Word.docx，按照要求完成下列操作并以文件名 Word.docx 保存文档：

（1）调整纸张大小为 B5，页边距的左边距为 2 厘米，右边距为 2 厘米，装订线为 1 厘米，对称页边距。

（2）将正文部分内容设为四号字，每个段落设为 1.2 倍行距且首行缩进 2 字符。

（3）将正文第一段落的首字"很"下沉 2 行。

（4）将文档中的第一行"黑客技术"设为 1 级标题，文档中黑体字的段落设为 2 级标题，斜体字段落设为 3 级标题。

（5）在文档的开始位置插入只显示 2 级和 3 级标题的目录，并用分节方式令其独占一页。

（6）文档除目录页外均显示页码，正文开始为第 1 页，奇数页码显示在文档的底部靠右，偶数页码显示在文档的底部靠左。文档偶数页加入页眉，页眉中显示文档标题"黑客技术"，奇数页页眉没有内容。

（7）将文档最后 5 行转换为 2 列 5 行的表格，倒数第 6 行的内容"中英文对照"作为该表格的标题，将表格及标题居中。

（8）为文档应用一种合适的主题。

【操作基本步骤】

（1）打开"素材"文件夹下的 Word.docx 文件。

（2）设置文档页面。

（3）修改正文样式及应用。

（4）设置首字下沉。

（5）分节符插入。

（6）目录插入。

（7）设置文档页眉页脚。

（8）文字与表格的转换。

（9）应用文档主题。

论文《黑客技术》排版的最终效果如图 3-28 所示。

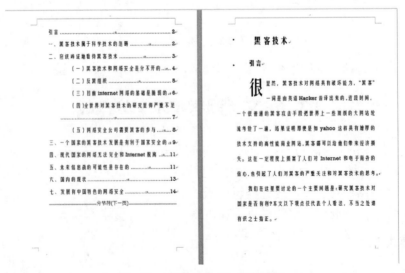

图 3-28 《黑客技术》排版效果

具体操作为：打开素材文件 Word.docx，执行下面讲述的操作。

3.3.1 页面设置

打开文档，单击"页面布局"选项卡→"页面设置"功能组右下角的开启按钮，弹出"页面设置"对话框，单击"页边距"选项卡，设置左右边距为 2 厘米，装订线为 1 厘米，在"多页"下拉列表框中选择"对称页边距"，"应用于"设置为"整篇文档"，单击"确定"按钮，如图 3-29 所示。

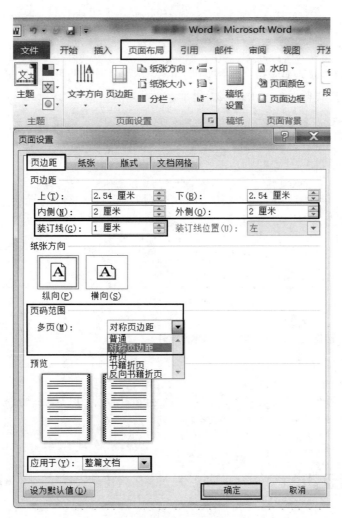

图 3-29 设置页边距

3.3.2 正文样式修改

（1）单击"开始"选项卡，在"样式"功能组中指向"正文"样式，单击鼠标右键，在弹出的快捷菜单中单击"修改"按钮，如图 3-30 所示。

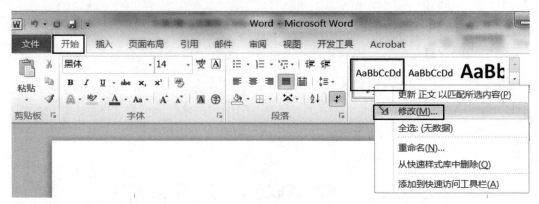

图 3-30　样式修改

（2）在弹出的"修改样式"对话框中，正文文字设为"四号"，单击左下角的"格式"按钮，在列表中选择"段落"，如图 3-31 所示。

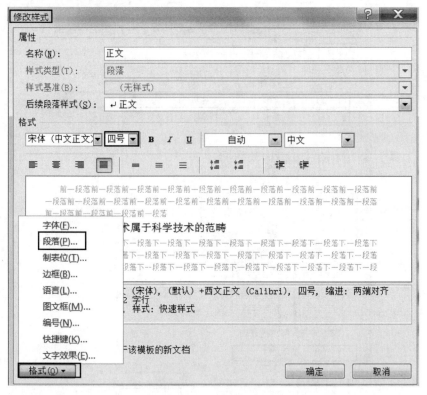

图 3-31　修改样式

（3）在弹出的"段落"对话框中单击"缩进和间距"选项卡，在"缩进"→"特殊格式"下拉列表框中选择"首行缩进"，"磅值"设为 2 字符，在"间距"→"行距"下拉列表框中选择"多倍行距"，"设置值"设为 1.2，单击"确定"按钮完成段落格式设置，如图示 3-32 所示。

图 3-32　设置段落格式

（4）单击"修改样式"对话框中的"确定"按钮完成正文样式修改。

3.3.3　设置首字下沉

首字下沉是报刊杂志中较为常用的一种文本修饰方式，使用该方式可以很好地改善文档的外观。

在 Word 中，首字下沉共有两种方式：普通下沉、悬挂下沉。两种方式的区别在于："普通下沉"方式设置的下沉字符只占用前几行文本前一个小方块，不影响首字以后的文本排列，而"悬挂下沉"方式设置的字符所占用的列空间不再出现文本。

（1）将插入点置于第一段。

（2）在"插入"选项卡→"文本"功能组中单击"首字下沉"→"首字下沉选项"命令，如图 3-33 所示。

（3）在弹出的"首字下沉"对话框中单击"下沉"按钮，按照题目要求设置下沉行数为 2 行，单击"确定"按钮完成首字下沉设置，如图 3-34 所示。

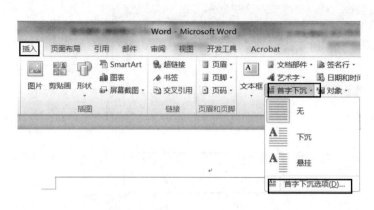

图 3-33　首字下沉菜单操作　　　　　　　　图 3-34　设置首字下沉

3.3.4　应用样式

在"开始"选项卡→"样式"功能组中进行设置。

（1）将插入置于在第一行"黑客技术"中，单击"标题 1"设置 1 级标题。

（2）用鼠标选择文档中黑体字段落并按住 Ctrl 键进行多处选择，单击"标题 2"设置 2 级标题。

（3）斜体字段落应用为 3 级标题，设置方法与 2 级标题设置相同，如图 3-35 所示。

图 3-35　应用样式

3.3.5 插入分节符

（1）将插入点置于文档开始位置。

（2）在"页面布局"选项卡→"页面设置"功能组中单击"分隔符"→"分节符"→"下一页"插入分节符，将文档分为两节。

3.3.6 自动生成目录

目录的作用就是列出文档中各级标题及每个标题所在的页码，编制完目录后只需要单击目录中的某个页码即可跳转到该页码所对应的标题，因此目录可以帮助用户迅速了解整个文档讨论的内容，并很快查找到自己感兴趣的信息。

目录通常在文档最前面独占一页，且与正文用分节符分隔。

（1）将插入点置于文档第一节开始位置。

（2）在"引用"选项卡→"目录"功能组中单击"目录"→"插入目录"，如图 3-36 所示。

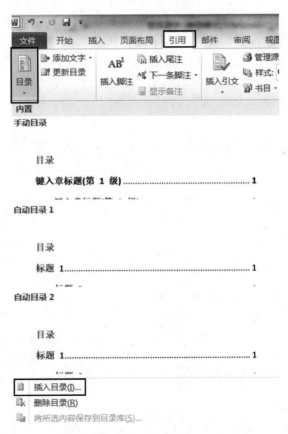

图 3-36　目录插入

（3）在弹出的"目录"对话框中单击"选项"按钮，在弹出的"目录选项"对话框中删除目录级别"标题 1"，单击"确定"按钮返回"目录"对话框，单击"确定"按钮完成目录插入，如图 3-37 所示。

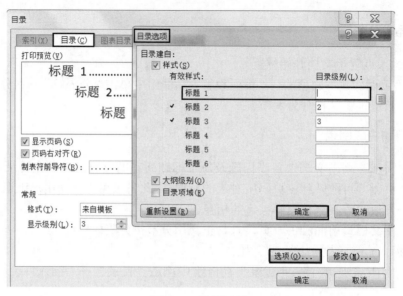

图 3-37　设置目录

3.3.7　设置页眉页脚

（1）将插入点置于正文所在第二节的奇数页。

（2）在"插入"选项卡→"页眉和页脚"功能组中单击"页脚"→"编辑页脚"，如图 3-38 所示。

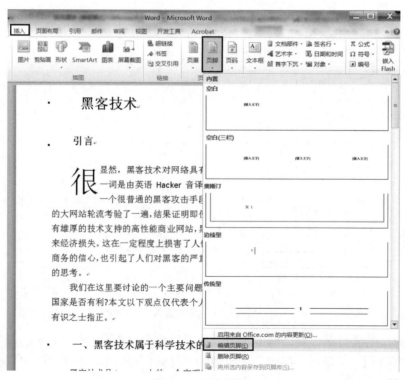

图 3-38　插入页脚

(3) 在弹出的"页眉和页脚工具"选项卡中进行如下设置:
1) 在"选项"功能组中选择"奇偶页不同"复选项。
2) 在"导航"功能组中取消对"链接到前一条页眉"的选择,如图3-39所示。

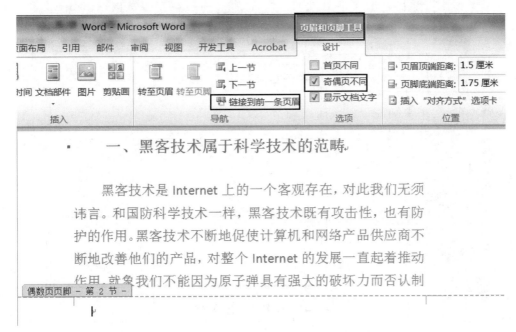

图 3-39　取消页眉链接

3) 在"页眉和页脚"功能组中单击"页码"→"设置页码格式",如图3-40所示。
4) 在弹出的"页码格式"对话框中设置"页码编号"的"起始页码"为1,单击"确定"按钮,如图3-41所示。

图 3-40　设置页码格式

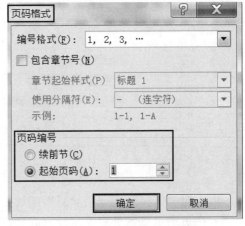

图 3-41　"页码格式"对话框

5) 单击"页码"→"页面底端"→"普通数字3",如图3-42所示。
6) 将插入点置于第二节偶数页的页脚,单击"页码"→"页面底端"→"普通数字1"。
7) 单击"导航"功能组→"转至页眉"按钮,如图3-43所示。

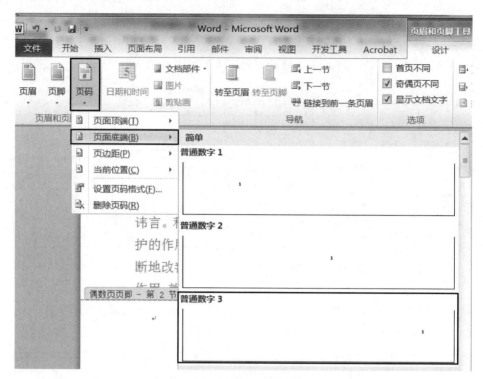

图 3-42 设置页码显示位置

图 3-43 转至页眉

8）取消对"链接到前一条页眉"的选择，输入页眉内容"黑客技术"。

（4）在页眉页脚区外双击鼠标完成文档页码和页眉的设置。

3.3.8 文字与表格的转换

在 Word 中，可以将文本转换为表格，也可以将表格转换为文本。当用户要把文本转换为表格时，应先将需要进行转换的文本格式化，即把文本中的每一行用段落标记隔开，每一列用分隔符（如逗号、空格、制表符等）分开，否则系统将不能正确识别表格的行列分隔，从而导致不能正确地进行转换。

（1）选择需要转换为表格的数据区域。

（2）在"插入"选项卡→"表格"功能组中单击"表格"→"文本转换成表格"，如图3-44所示。

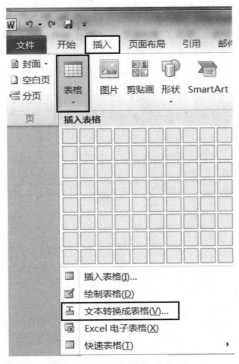

图3-44 文本转换成表格

（3）在弹出的"将文字转换成表格"对话框中，在"文字分隔位置"区域选择"空格"，单击"确定"按钮完成转换，如图3-45所示。调整表格内容，完成表格制作。

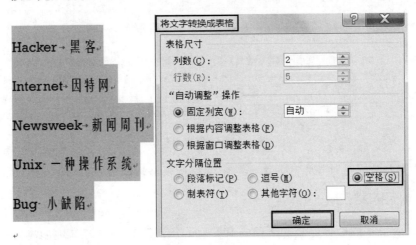

图3-45 转换设置

（4）选择表格，在"表格工具"→"布局"选项卡→"对齐方式"功能组中单击"水平居中"按钮，如图3-46所示。

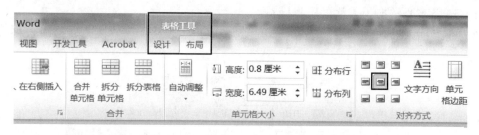

图3-46　设置表格对齐方式

3.3.9　表格标题设置

（1）将光标置于表格中，在"引用"选项卡→"题注"功能组中单击"插入题注"按钮，弹出"题注"对话框，在"题注"文本框中输入表格标题"英文对照"，在"选项"→"标签"下拉列表框中选择"表格"，单击"确定"按钮，如图3-47所示。

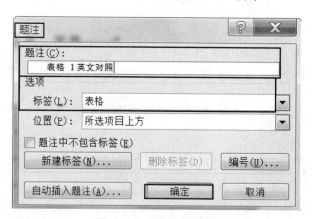

图3-47　设置表格标题

（2）设置表格标题对齐方式为水平居中，完成表格标题设置。

3.3.10　应用文档主题

主题是一套统一的设计元素和颜色方案，利用主题可以非常容易地创建具有专业水准、设计精美的文档，然后通过Word、电子邮件或网站进行阅读。

单击"页面布局"选项卡→"主题"功能组→"主题"按钮,在弹出的"内置"主题中选择合适的主题,完成文档主题应用,如图3-48所示。

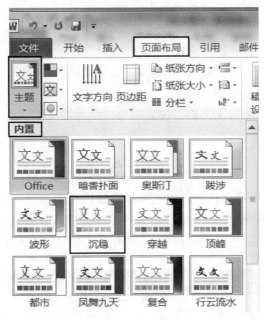

图 3-48 应用主题

保存文档,完成本实例操作。

3.4 主控文档与子文档

文档一般是文字处理软件产生的文件。在编辑一个特别长的文档(如一本书)时,如果将所有的内容都放在一个文件中,因为文档太大,会占用很多的资源,速度就会变得非常慢;而如果将文档的各个部分分别作为独立的文档,又无法对整篇文章进行统一处理,而且文档过多也容易引起混乱。

使用 Word 的主控文档是制作长文档最合适的方法。主控文档包含几个独立的子文档,可以用主控文档控制整篇文章或整本书,而把书的各个章节作为主控文档的子文档。第一,在主控文档中,所有的子文档可以当作一个整体,对其进行查看、重新组织、设置格式、校对、打印和创建目录等操作;第二,在主控文档中可以新建子文档、插入已有文档作为子文档;第三,对于每一个子文档,又可以对其进行独立的操作;第四,可以在网络地址上建立主控文档,与他人同时在各自的子文档上进行工作。

小张从事编辑排版工作,经常要对一些很长的文档进行处理,但这又比较枯燥繁琐。请你帮助小张完成此类长文档的编辑排版。

【实例要求及操作基本步骤】

(1) 创建主控文档"论文排版教程主控文档"。

(2)在主控文档中新建子文档"目录索引"。

(3)将现有文档"第1章样式的设置"插入到主控文档中。

(4)拆分子文档"第1章样式的设置"。

(5)将拆分出来的子文档重命名、加上章编号。

(6)展开和折叠子文档,以便文档操作。

(7)锁定子文档"第1章样式的设置",使该子文档只可查看、不可修改。

(8)删除子文档"目录索引"。

(9)合并主文档中的所有子文档,使之成为一个普通文档。

3.4.1 创建主控文档

主控文档是子文档的一个"容器"。每一个子文档都是独立存在于磁盘中的文档,它们可以在主控文档中打开,受主控文档控制,也可以单独打开。

(1)新建一个空白 Word 文档,文件名为"论文排版教程主控文档"。

(2)在"视图"选项卡→"文档视图"功能组中单击"大纲视图"按钮,如图3-49所示。

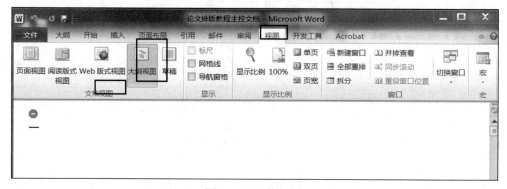

图 3-49　切换视图

(3)在切换到的大纲视图中可以进行子文档的新建、将现有文档插入主控文档等操作,如图3-50所示。

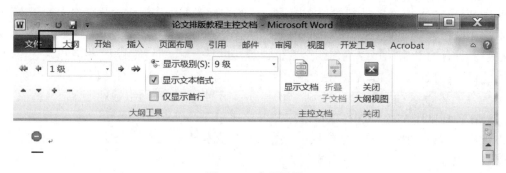

图 3-50　大纲视图

(4)保存文档,完成主控文档创建。

说明:①后面的操作都在打开的"论文排版教程主控文档"大纲视图中完成;②子文档的创

建和插入需要在子文档展开状态下操作；③Word 不仅可以创建主控文档，还可以将已有文档转换为主控文档，方法与创建主控文档基本类似，读者请自行操作。

3.4.2 新建子文档

（1）输入子文档名"目录索引"，应用内置的标题样式 1。

（2）单击"主控文档"功能组→"显示文档"按钮，如图 3-51 所示。

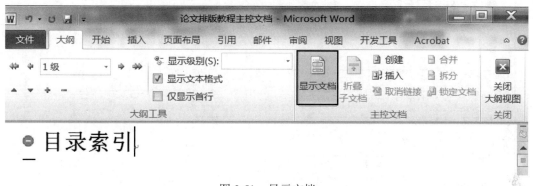

图 3-51 显示文档

（3）单击"创建"按钮，建立子文档"目录索引"，如图 3-52 所示。

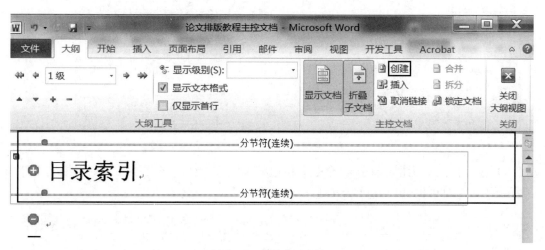

图 3-52 创建子文档

（4）保存主控文档，完成子文档"目录索引"的创建。

3.4.3 插入子文档

（1）（接 3.4.2 节操作）将插入点定位到下一个一级标题位置，单击"插入"按钮。

（2）在弹出的"插入子文档"对话框中选择"第 1 章样式的设置"，单击"打开"按钮，如图 3-53 所示。

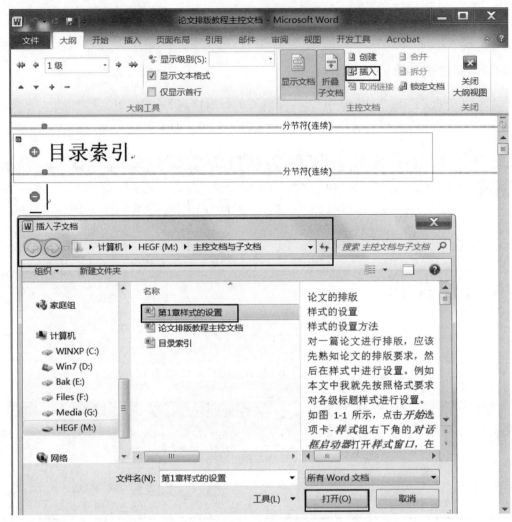

图 3-53　插入文档

（3）在弹出的对话框中单击"全是"按钮将选定文档作为子文档插入到主控文档，如图 3-54 所示（如无对话框弹出，可继续插入子文档）。

图 3-54　子文档样式重命名对话框

（4）用相同的方法可以插入其他子文档，插入子文档后如图 3-55 所示。
（5）保存文档，完成子文档插入。

子文档创建和插入后，单击"显示文档"按钮显示主控文档中的所有子文档，如图 3-56 所示。

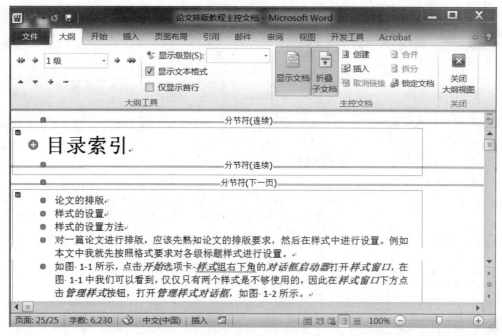

图 3-55　子文档插入效果

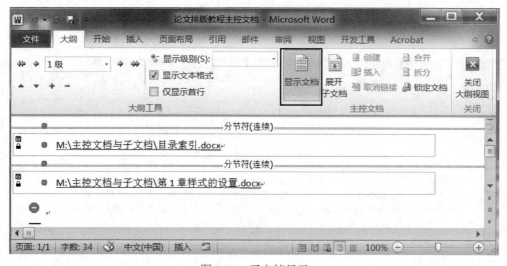

图 3-56　子文档显示

3.4.4　拆分较长的子文档

有些子文档需要进行拆分以便于进行编辑。

（1）在"主控文档"功能组中单击"展开子文档"按钮，将各子文档展开。

（2）在展开的子文档"第 1 章正文的排版"中查找需要拆分为另一个子文档的段落文字"多级符号"，将插入点置于段落"多级符号"前。

（3）单击"主控文档"功能组→"拆分"按钮，拆分出新的子文档，如图 3-57 所示。

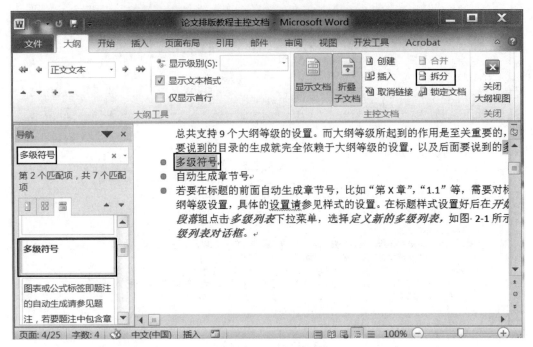

图 3-57 折分子文档

（4）用相同的方法可以拆分其他需要拆分的子文档，折分子文档后主控文档如图 3-58 所示。

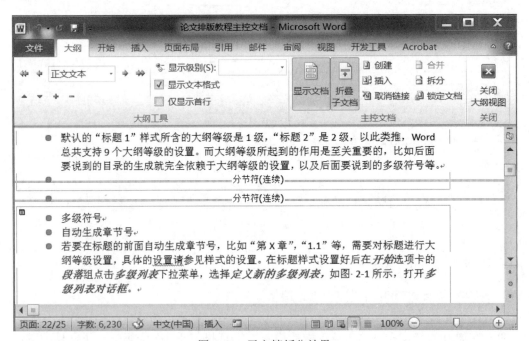

图 3-58 子文档折分效果

（5）保存主控文档，完成子文档的拆分。单击"主控文档"功能组→"折叠子文档"按钮，显示主控文档中的所有子文档，如图 3-59 所示。

图 3-59　主控文档效果

各折分出的子文档文件名为所查找的段落文字，以单个独立的文档保存在主控文档所在的目录中，如图 3-60 所示。

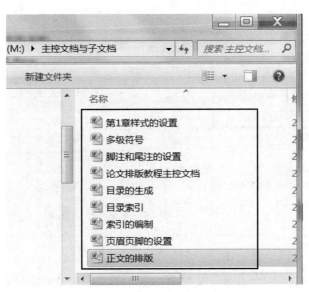

图 3-60　子文档保存效果

3.4.5 子文档重命名

子文档的名称可能因为某种原因需要更改，可以对子文档重命名，但此操作需要在主控文档中进行，而不能像普通文档更名一样在文件夹中重命名。

（1）打开主控文档，选择需要更名的子文档（如"多级符号.docx"）。

（2）单击该子文档的超级链接，打开子文档。

（3）将子文档另存为新的文件名（如"第2章多级符号"），保存并关闭子文档，完成子文档的重命名，如图 3-61 所示。

图 3-61　重命名子文档

（4）用相同的方法可以对其余子文档重命名。子文档重命名完成后的主控文档如图 3-62 所示。

图 3-62　重命名子文档效果

3.4.6　展开和折叠子文档

在打开主控文档时所有子文档为折叠状态，每个子文档都以超级链接方式出现，如图 3-63 所示。可以展开子文档，也可以单击某个子文档的超级链接单独打开该子文档，对子文档进行编辑排版操作。

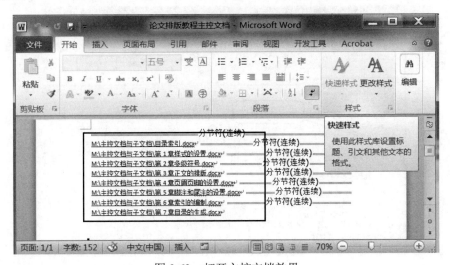

图 3-63　打开主控文档效果

（1）将视图方式切换到大纲视图。

（2）单击"主控文档"功能组→"展开子文档"按钮将各子文档展开，如图 3-64 所示，可在其中进行编辑排版操作。

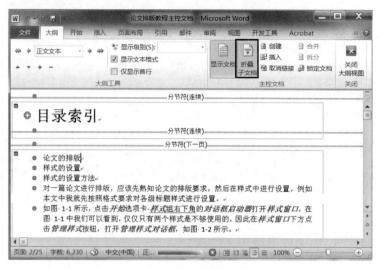

图 3-64　展开子文档效果

（3）单击"主控文档"功能组→"折叠子文档"按钮可折叠各子文档。

3.4.7　锁定子文档

如果某个子文档只允许查看、不允许修改，可以锁定子文档。

（1）在主控文档中展开子文档。

（2）将插入点置于需要锁定的子文档中。

（3）单击"主控文档"功能组→"锁定文档"按钮完成子文档锁定，被锁定的子文档在子文档标记下边用锁的图形标记，如图 3-65 所示。

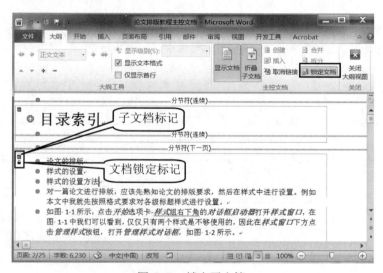

图 3-65　锁定子文档

3.4.8 删除子文档

有时需要将某个子文档从主文档中删除，使其与主文档不再有链接关系，而是以普通文档保存在原文件夹中。

（1）在主控文档中，单击要删除的子文档"目录索引"标记选中该子文档。

（2）按键盘上的删除键完成子文档的删除，如图 3-66 所示。

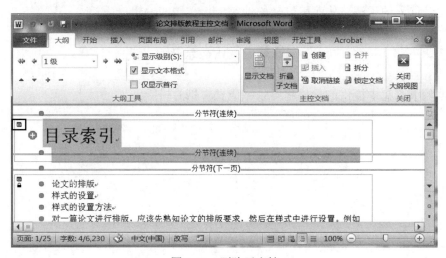

图 3-66　删除子文档

3.4.9 合并子文档

当所有子文档都完成编辑后，需要将各子文档合并为一个普通文档，以便于文档的交流及交付出版印刷。

（1）在主控文档的大纲视图中，单击"主控文档"功能组→"展开子文档"按钮。

（2）将插入点分别置于各子文档中，单击"取消链接"按钮，如图 3-67 所示。

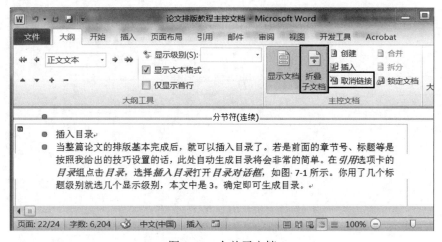

图 3-67　合并子文档

（3）所有子文档的链接取消，保存文档，完成文档合并，该文档成为一个普通文档。

3.5　实例小结

通过实例我们学习了长文档的排版，对 Word 文档中的样式应用（包括复制和修改）、多级符号和编号的设置、分节符使用、页眉页脚设置、题注插入、自动生成目录、特长文档处理等都有了比较深入的了解，从而可以轻松地完成长文档的编辑排版。

3.6　拓展练习

请根据随书光盘中提供的素材和样张完成长文档的排版。

第 4 章　常用办公表格制作

学习目标

- 掌握表格的创建
- 掌握合并和拆分单元格
- 掌握输入表格内容和设置文字格式
- 掌握调整行高和列宽
- 掌握美化表格
- 掌握绘制斜线表头
- 掌握表格与文本的相互转换

4.1　实例简介

在日常生活中很多地方都会使用到表格，例如课程表、值日表、登记表等，制作表格的方式有三种：插入表格、绘制表格和快速制作表格（即文字转表格）。表格是由若干行和若干列组成，行列的交叉区域就称为"单元格"，在单元格中可插入文字、数字以及图形。

本章以 3 个实例展示了 Word 2010 中表格的使用。第一个实例以创建"我国人口普查表"为例，讲述使用 Word 2010 软件制作表格的具体操作步骤。通过本例，向读者介绍了在 Word 2010 中如何创建表格、合并和拆分单元格、调整行高和列宽、美化表格等操作。"我国人口普查表"的效果如图 4-1 所示。

地区　　数量	2000 年人口数(万	2010 年人口数(万	人口增长数
海南省	787	867	80
北京市	1382	1961	579
甘肃省	2562	2558	-4
贵州省	3525	3475	-50
福建省	3471	3689	218
广西壮族自治区	4489	4603	114
安徽省	5986	5950	-36
广东省	8642	10430	1788
2000 年人口数总数	30844		

图 4-1　我国人口普查表

第二个实例是将一有内容的表格转换成可编辑的文字，如图 4-2 所示。

地区	2000年人口数（万人）	2000年比重	2010年人口数（万人）	2010年比重	人口增长数	比重变化
安徽省	5986	4.73%	5950	4.44%	-36	-0.29%
北京市	1382	1.09%	1961	1.46%	579	0.37%
福建省	3471	2.74%	3689	2.75%	218	0.01%
甘肃省	2562	2.02%	2558	1.91%	-4	-0.11%
广东省	8642	6.83%	10430	7.79%	1788	0.96%
广西壮族自治区	4489	3.55%	4603	3.44%	114	-0.11%

图 4-2　表格转换成文字

第三个实例将可编辑的文字内容转换成表格，如图 4-3 所示。

地区, 2000 年人口数（万人）, 2010 年人口数（万人）
安徽省, 5986, 5950
北京市, 1382, 1961
福建省, 3471, 3689
甘肃省, 2562, 2558
广东省, 8642, 10430
广西壮族自治区, 4489, 4603

图 4-3　文字转换成表格

4.2　实例制作

4.2.1　表格的新建与删除

通过利用 Word 中自带表格，完成一份如图 4-1 所示的"我国人口普查表"。
操作步骤如下：

（1）单击"插入"选项卡→"表格"功能组→"插入表格"命令，打开"插入表格"对话框，如图 4-4 所示。

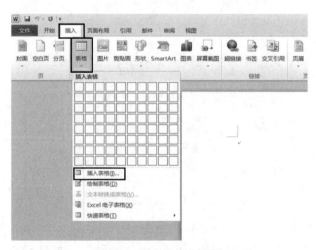

图 4-4　插入表格步骤图

（2）在"表格尺寸"区域中的"列数"文本框中输入4，在"行数"文本框中输入10，如图4-5所示。

图4-5 "插入表格"对话框

（3）单击"确定"按钮，创建出如图4-6所示的简单表格。

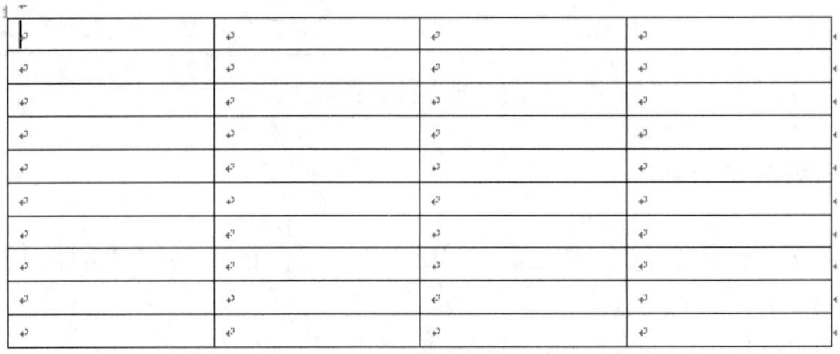

图4-6 10行4列简单表格

补充知识：除了上述这种以插入表格的方式可创建新表格外，还可以使用绘制表格这一功能完成新表格的创建。

操作步骤如下：

（1）单击"插入"选项卡→"表格"功能组→"绘制表格"命令，光标变成铅笔形状，在需要插入表格的地方拖动铅笔状光标，此时铅笔状光标随鼠标移动，便可绘制出表格的外框线，外框确定下来后，在外框线内通过铅笔状光标绘制出6条横线、5条竖线。绘制完成后，单击"表格工具/设计"选项卡→"绘制表格"命令，使得鼠标成为可用光标状态。

（2）可以选定表格的所有单元格（鼠标从左上的第一个单元格选到右下的最后一个单元格或用相反的顺序，亦可以将鼠标移到表格左上端外框边缘的移动按钮上单击），在"表格工具/布局"选项卡的"单元格大小"功能组中，单击"分布行""分布列"即可自动调整行高和列宽。

当发现创建的表格和所需表格不符时，则需要对表格的某行或某列进行删除。

操作步骤如下：

（1）选中需要删除的单元格。

（2）单击鼠标右键→"删除单元格"，弹出其对话框，如图4-7所示，根据实际情况选择即可，或是直接使用键盘的 Backspacee 键来操作。

图 4-7　表格删除

4.2.2　合并和拆分单元格

合并单元格是 Word 2010 表格中经常使用到的功能，该功能可以用两种方式完成。
操作步骤如下：

（1）选中需要合并的单元格区域：新建表格中尾行的后三列。

（2）方法一：表格工具"表格工具/布局"选项卡→"合并"选项组中单击"合并单元格"按钮；方法二：在步骤一的选中状态下，单击右键，在弹出的快捷菜单中选择"合并单元格"命令，如图 4-8 所示。

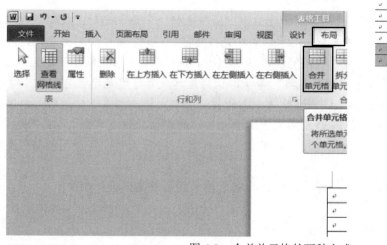

图 4-8　合并单元格的两种方式

（3）操作完成后的效果如图 4-9 所示。

图 4-9 合并单元格

4.2.3 调整改变行高和列宽

对表格中的行高与列宽的调整也可通过两种方式来完成。
操作步骤如下：
（1）选中需要改变行高或列宽的单元格。
（2）方法一：单击"表格工具/布局"选项卡→"表"功能组→"属性"按钮；方法二：右击，在弹出的快捷菜单中选择"表格属性"命令，如图 4-10 所示，打开"表格属性"对话框，如图 4-11 所示。

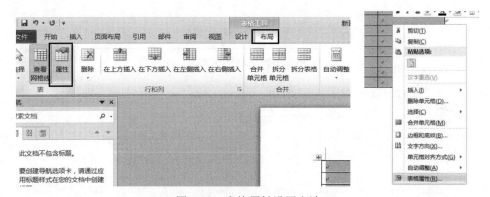

图 4-10 表格属性设置方法

图 4-11 "表格属性"对话框

（3）单击"行"选项卡，如表 4-1 所示，分别对相应的行进行设置，如图 4-12 所示。

表 4-1 设置行高

行号	指定高度	行高值
1~9 行	1.2 厘米	固定值
10 行	2.4 厘米	固定值

图 4-12 表格"行"属性对话框

（4）操作完成后的效果如图 4-13 所示。

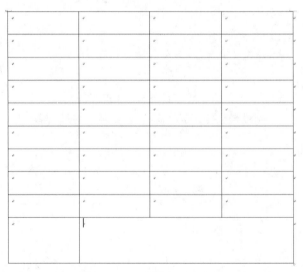

图 4-13 调整行高后的表格

补充知识：同样的方式可以对表格的列宽进行设置，由于此处并不需要对列宽进行设置，因此没有提及，但设置的方式与行高相同。

4.2.4 美化表格

为使表格更加美观，符合人们审阅需求，需要对文档中的表格边框和底纹进行设置。

（1）设置边框。

操作步骤如下：

1）选中需要操作的表格，单击"表格工具/布局"选项卡→"表"功能组→"属性"按钮（或单击鼠标右键，在弹出的快捷菜单中选择"表格属性"命令），打开"表格属性"对话框，如图 4-11 所示，单击"边框和底纹"按钮，打开"边框和底纹"对话框，如图 4-14 所示。

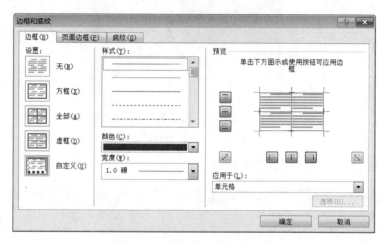

图 4-14　设置外边框和内边框

2）单击"边框"选项卡，选中设置中的"自定义"，设置表格的边框线宽度为 1.0 磅，颜色为紫色，在"预览"区域中单击内边框应用。

（2）设置底纹。

1）单击"表格工具/布局"选项卡→"表"功能组→"属性"按钮（或单击鼠标右键，在弹出的快捷菜单中选择"表格属性"命令），打开"表格属性"对话框，如图 4-11 所示，单击"边框和底纹"按钮。

2）单击"底纹"选项卡，选择颜色为橄榄色，强调文字 3 淡色 60%，如图 4-15 所示。

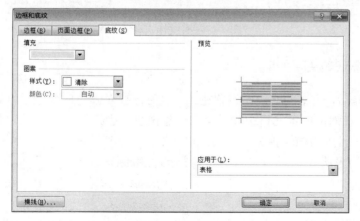

图 4-15　设置底纹

补充知识：表格的底纹设置除了系统自动提供的几种固定颜色外，还可以自主的设置填充颜色和选择不同的底纹，例如设置填充颜色为"其他颜色"，自定义颜色为红色：204、绿色：236、蓝色：255，如图4-16所示。

图4-16 底纹颜色设置

设置填充底纹为浅色栅架，如图4-17所示。

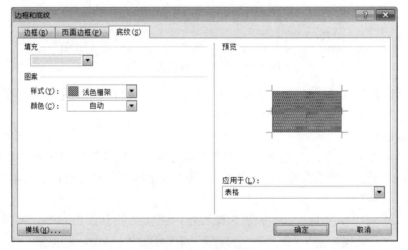

图4-17 底纹样式设置

4.2.5 绘制斜线表头

完成上述操作后，表格的格式已设置完成，这时需要对表格内容进行填写，根据图4-1所示的人口普查表，在对应的单元格中输入个人信息内容。完成输入后，对文字的格式进行设置，将整个表格的字体设置为微软雅黑、小四，单元格内容居中显示。

为了使表格的表头表达意思更加清楚，需要使用到斜线表头，下面具体介绍该操作的方法。

操作步骤如下：

（1）单击"插入"选项卡→"表格"功能组→"绘制表格"命令，如图4-18所示。

（2）当光标变成了笔头的样式，直接拖动在 A1 单元格绘制一条斜线，并输入数据，如图 4-19 所示。

地区 \ 数量	2000年人口数(万)	2010年人口数(万)	人口增长数
海南省	787	867	80
北京市	1382	1961	579
甘肃省	2562	2558	-4
贵州省	3525	3475	-50
福建省	3471	3689	218
广西壮族自治区	4489	4603	114
安徽省	5986	5950	-36
广东省	8642	10430	1788
2000年人口数总数		30844	

图 4-18　绘制斜线表头　　　　　图 4-19　斜线表头结果

补充知识：表格内容的输入可以使用 Tab 键和回车键切换单元格，也可以使用鼠标来切换。

4.2.6　表格与文本的转换

1．表格转换为文本

在 Word 2010 文档中，用户可以将 Word 2010 表格中指定部分行内容的单元格或整张表格转换为可编辑的文本内容。

操作步骤如下：

（1）打开 Word 2010 文档窗口，准备好如图 4-20 所示的表格。

地区	2000年人口数（万人）	2000年比重	2010年人口数（万人）	2010年比重	人口增长数	比重变化
安徽省	5986	4.73%	5950	4.44%	-36	-0.29%
北京市	1382	1.09%	1961	1.46%	579	0.37%
福建省	3471	2.74%	3689	2.75%	218	0.01%
甘肃省	2562	2.02%	2558	1.91%	-4	-0.11%
广东省	8642	6.83%	10430	7.79%	1788	0.96%
广西壮族自治区	4489	3.55%	4603	3.44%	114	-0.11%

图 4-20　全国人口普查人口增长表

（2）选中需要转换为文本的单元格。如果需要将整张表格转换为文本，则只需单击表格任意单元格。

（3）单击"表格工具/布局"选项卡→"数据"功能组→"转换为文本"按钮，如图 4-21 所示。

图 4-21　表格转文本

（4）在打开的"表格转换成文本"对话框选择"逗号"（最常用的是"段落标记"和"制表符"两个单选按钮），如图 4-22 所示。

图 4-22　"表格转换成文本"对话框

（5）操作结果如图 4-23 所示。

地区, 2000 年人口数（万人）, 2000 年比重, 2010 年人口数（万人）, 2010 年比重, 人口增长数, 比重变化
安徽省, 5986, 4.73%, 5950, 4.44%, -36, -0.29%
北京市, 1382, 1.09%, 1961, 1.46%, 579, 0.37%
福建省, 3471, 2.74%, 3689, 2.75%, 218, 0.01%
甘肃省, 2562, 2.02%, 2558, 1.91%, -4, -0.11%
广东省, 8642, 6.83%, 10430, 7.79%, 1788, 0.96%
广西壮族自治区, 4489, 3.55%, 4603, 3.44%, 114, -0.11%

图 4-23　"表格转换成文本"结果

注意：对于表格的部分内容的转换只能针对行来操作，即单独一行可以直接转化为文字，而单独列却不行。

补充知识：当表格较为复杂，表格中还设有嵌套表格时，选中"转换嵌套表格"复选框（"转换嵌套表格"可以将嵌套表格中的内容同时转换为文本）。设置完毕后单击"确定"按钮即可。

2. 文字转换成表格

在 Word 2010 文档中，用户可以很容易地将表格转换成文字，同样也可以很容易地将文字转换成表格，其关键操作是如何正确的使用分隔符号将文本合理分隔。Word 2010 能够识别常见的分隔符，如段落标记（用于创建表格行）、制表符和逗号（用于创建表格列）等。对于只有段落标记的多个文本段落，Word 2010 可以将其转换成单列多行的表格；而对于同一个文本段落中含有多个制表符或逗号的文本，Word 2010 可以将其转换成单行多列的表格；包括多个段落、多个分隔符的文本则可以转换成多行、多列的表格。

文本转换为表格的操作步骤如下:

(1) 打开 Word 2010 文档,为准备转换成表格的文本添加正确的段落标记和分隔符(建议使用最常见的逗号分隔符,并且逗号必须是英文半角逗号),如图 4-24 所示。

地区, 2000 年人口数(万人), 2010 年人口数(万人)
安徽省, 5986, 5950
北京市, 1382, 1961
福建省, 3471, 3689
甘肃省, 2562, 2558
广东省, 8642, 10430
广西壮族自治区, 4489, 4603

图 4-24 需转换为表格的文字原素材

(2)"插入"选项卡→"表格"按钮→"文本转换成表格"选项,打开"将文字转换成表格"对话框,如图 4-25 所示。

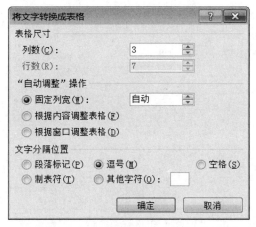

图 4-25 "将文字转换成表格"对话框

(3) 在"列数"文本框中将出现转换生成表格的列数,如果列数出现错误,则表明分隔符可能使用不正确(可能使用了中文逗号),需要返回上面的步骤修改分隔符。在"自动调整"区域中通过"固定列宽""根据内容调整表格"或"根据窗口调整表格"选项按钮,可以设置转换生成的表格列宽。在"文字分隔位置"区域中设置该文本中使用的分隔符。转换生成的表格如图 4-26 所示。

地区	2000 年人口数(万人)	2010 年人口数(万人)
安徽省	5986	5950
北京市	1382	1961
福建省	3471	3689
甘肃省	2562	2558
广东省	8642	10430
广西壮族自治区	4489	4603

图 4-26 转换生成的表格效果图

补充知识：当表格过长无法在一个页面显示完毕时，这时就需要使用到表格标题跨页，下面通过制作1个30行5列的表格，使其横跨2页为实例具体介绍表格标题跨页设置步骤。

操作步骤如下：

（1）在Word表格中选中标题行（必须为表格的第一行）。

（2）单击"表格工具/布局"选项卡→"表"功能组→"属性"按钮→"表格属性"对话框→"行"选项卡，选中"在各页顶端以标题行形式重复出现"复选框，并单击"确定"按钮即可（或者先选中表格，在"表格工具/布局"选项卡的"数据"功能组中单击"重复标题行"按钮来设置跨页表格标题行重复显示），如图4-27所示。

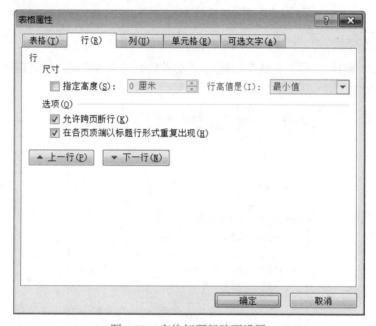

图4-27　表格标题行跨页设置

如果经过如上设置之后，还是看不到效果的话，那么可能有两种原因：

①表格没有跨页，因为只有当表格的内容在两页以上显示的时候，标题行重复才有意义。

②其实标题行已经重复，只是你的设置使其不能显示。解决方法：选中表格后右击，在弹出的快捷菜单中选择"属性"选项，选择"表格"选项卡，在"文字环绕"区域中将"环绕"改为"无"即可。

4.3　实例小结

Word 2010提供了强大的表格功能，通过插入规则表格或绘制不规则表格都能创建新表格。通过本章的3个实例，读者能够掌握在Word 2010中创建表格的2种方法，以及合并和拆分单元格、调整设置行高和列宽、美化表格、绘制斜线表头以及利用表格和文字的相互转换等操作。

4.4 拓展练习

1. 利用本章所学知识，使用绘制表格的方法制作个人简历表，效果如图 4-28 所示。

姓名		性别		文化		照片
		身高		政治面貌		
籍贯				出生年月		
户口所在地			婚否		名族	
身份证号码			现居住地址			
毕业院校			毕业时间			
学习专业			爱好特长			
个人简历						
就学时间	学校	学年	学历	专业	担任职务	
英语应用水平			职业期望			
计算机应用水平			住宿要求			
工作经历	时间	工作地点		职务		
待遇要求						
联系方式	移动电话					
	固定电话					

图 4-28 个人简历表效果图

2. 利用本章所学知识，使用插入表格的方法制作一个员工转正申请表，效果如图 4-29 所示。

个人资料	姓名		性别		出生年月		照片
	所属部门		职务		职称		
	入职时间		试用期	从	到		
	本人述职	申请人签字： 年　月　日					
上级主管	签字：			年　月　日			
行政人事部	签字：			年　月　日			
总经理	签字：			年　月　日			

根据以上意见，同意试用员工＿＿＿＿＿＿转为本单位正式员工，执行＿＿＿工资标准。　（注：□享有技能工资　□不享有技能工资）
（公章）
年　月　日

图 4-29　员工转正申请表效果图

3．制作一个课程表，效果如图 4-30 所示。

要求：设置表格列宽为 2.67 厘米，行高为 1 厘米；表格边框线为 1.5 磅粗实线，颜色为橄榄绿；表内线为 0.75 磅细实线，颜色为黑色；第二行下框线为 0.75 磅双实线，第六行下框线为 1.5 磅双实线；表格左上角的斜线为 1.5 磅的粗实线，颜色为黑色。

星期 时间		星期一		星期二		星期三		星期四		星期五	
		科目	讲师	科目	讲师	科目	讲师	科目	讲师	科目	讲师
上午	第一节										
	第二节										
	第三节										
	第四节										
下午	第五节										
	第六节										
	第七节										

图 4-30　课程表效果图

4. 遵照以下文字，完成操作：
(1) 将其转化成表格，自动套用"中等深浅底纹 1.强调文字颜色 3"格式。
(2) 计算各学生的总成绩，并按总成绩递减排序。

姓名	数学	外语	政治	语文	总成绩
王强	98	87	89	87	
李萍	87	78	68	90	
李国强	90	85	79	89	
顾泉	95	89	82	93	
刘芳	85	87	90	95	

第二部分　Excel 软件应用

第 5 章　销售业绩表制作

学习目标

- 掌握工作簿和工作表的创建、修订、保护及共享
- 掌握数据输入、编辑和修改
- 掌握单元格、数据格式设置
- 掌握表格美化
- 掌握条件格式使用

5.1　实例简介

到公司入职后，常常会遇到制作信息表格的工作，然而对于 Excel 2010 的初学者而言，制作这样一种信息表并不是十分容易的工作，需涉及到以下相关基础知识：

（1）创建空白 Excel 表格及保存 Excel 表格。

（2）在空白 Excel 表中录入数据，不同类型的数据录入方式不一样。

（3）基础表格制作完成后，还要美化表格，设置表格的基本格式，使做出来的表格显得整齐美观。

（4）考虑到表格可能需要打印，所以还要完成表格基本的页面设置。

销售部门的小刘日前接到公司任务需要创建公司销售记录表，其制作样板如图 5-1 所示。

图 5-1　销售记录表

5.2 实例制作

下面通过该实例将创建工作簿、数据录入、数据有效性设置、单元格格式设置、图片插入、表格美化、打印设置等多个方面对制作销售业绩表的基本过程进行介绍。

5.2.1 新建 Excel 工作簿

下面介绍新建 Excel 文档的两种情况：

情况一：在还未启动 Excel 程序时，单击"开始"→"所有程序"→Microsoft Office→Microsoft Excel 2010，如图 5-2 所示。

图 5-2　由"开始"菜单新建 Excel 文档

情况二：如果已启动 Excel 文档，新建一个 Excel 文档只需在已打开的 Excel 文档中单击"文件"选项卡→"新建"→"空白工作簿"→"创建"命令即可，如图 5-3 所示。

5.2.2 保存 Excel 工作簿

文档的保存同样有以下两种情况：

情况一：对于新建 Excel 文档的保存，单击工具栏左上角的"保存"按钮，如图 5-4 所示，弹出"另存为"对话框。在"另存为"对话框中选择好文件保存的位置、文件保存的名称后单击"保存"即可保存当前的 Excel 工作簿的所有内容，如图 5-5 所示。

情况二：对于已经保存过的 Excel 工作表，则只是把更新内容保存到原来的文件中，单击"保存"按钮即可。如果想另存为新的文件名或另存到新的位置，则单击"文件"选项卡→"另存为"选项，如图 5-6 所示，弹出"另存为"对话框，如图 5-5 所示，重新定位"保存位置"，输入新文件名，单击"保存"即可。

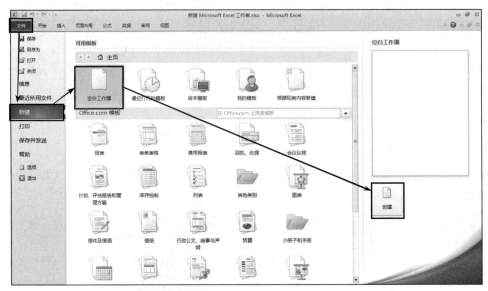

图 5-3　在已打开文档的基础上新建 Excel 工作簿

图 5-4　保存 Excel 工作簿

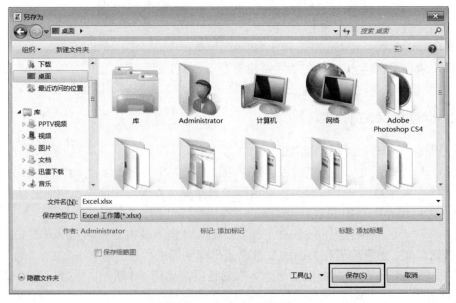

图 5-5　"另存为"对话框

图 5-6 "另存为"菜单选项

5.2.3 重命名工作表

补充知识：Excel 新建工作簿时，工作簿默认的名称为 BOOK1，每个工作簿默认 3 个工作表，分别为 Sheet1、Sheet2、Sheet3，工作簿中的工作表能够进行增加、删除和重命名等操作。

把当前的 Excel 工作表重命名为"销售业绩统计表"。

步骤如下：

（1）将光标移至工作表名称 Sheet1 上，单击鼠标右键，在弹出的快捷菜单中单击"重命名"命令，如图 5-7 所示。

图 5-7 重命名工作表

（2）当工作表名称变成反白显示（如图 5-8 所示）时，重新输入工作表名称"销售业绩统计表"，按回车键即可成功按要求修改工作表名称，结果如图 5-9 所示。

提示：单击两次工作表名称，同样的可以达到图 5-8 的效果，实现对工作表的重新命名。

5.2.4 数据录入

完成创建并重命名 Excel 工作簿、工作表后，向数据表中录入数据，Excel 数据录入的步骤如下：

（1）选中录入数据的单元格。

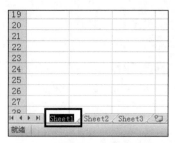
图 5-8 重命名工作表反白图

图 5-9 重命名结果图

(2) 输入数据。

(3) 使用鼠标、Enter 键、Tab 键或方向键移动选定单元格。

补充知识:Excel 数据类型包含数字型、日期型、文本型、逻辑型,其中数字型表现形式多样:有货币、小数、百分数、科学计数法等多种形式。

销售统计表的数据录入过程如下:

(1) 输入文本。

1) 文本字符逐字输入,输入如图 5-10 所示的标题内容。

1	通力电器有限公司2006年上半年销售业绩统计表									
2	编号	统计时间	姓名	部门	一月份	二月份	三月份	四月份	五月份	六月份	总销售额

图 5-10 数据表标题

单击 A1 单元格,输入"通力电器有限公司 2006 年上半年销售业绩统计表",按回车键,定位至 A2 单元格,输入列标题"编号",按 Tab 键定位至单元格 B2,输入内容"统计时间",对于列标题的其他内容均可以用该方式进行录入。此外对于"姓名""部门"数据列的内容如图 5-11 所示,均直接录入即可,除了使用键盘对光标进行操作,使用鼠标也可操作光标,且更为简单。

图 5-11 "姓名""部门"列数据

2)数字文本以"'"开头输入。在表格中有些数字内容是不参与计算的,如身份证号、电话号码、序号、编号等内容,这时就需要使用到数字文本。

如要输入文本 11,则应输入'11。对于数字文本列,如编号的输入,可以有两种处理方式:

方式一:先录入半角单引号"'",再录入编号 56210001,按回车键即可实现数值型文本的录入(数值型文本单元格左上角的会有绿色标记,表示当前单元格的内容为数值型文本)。

方式二:选择需要输入数值型文本所在的列,如编号所在的列 A,单击列标题 A,选中列 A 的所有内容,单击"开始"选项卡→"样式"功能组→"新建单元格样式"选项→"格式"按钮→"数字"选项卡→"文本"命令,单击"确定"按钮,如图 5-12 所示,即可把 A 整列单元格格式设为文本,然后直接录入编号即可,不用再在逐个录入数据前加单引号。

图 5-12　数字文本输入的方式

补充知识:凡是这种不参与计算的数字文本都需要在录入数据前进行设置,直接录入数据将会被系统默认为数值,导致部分数据的显示出错或者扰乱公式编辑的使用等。

通过输入下面的数据,熟悉相应类型的数据录入。

1)正数:+123,13,333,333,11E3
2)负数:-123,(234),-12e3
3)分数:2 2/3,0 3/4
4)货币数据:￥123,$215
5)科学计数法:5*102,1.236*103

数值输入与文本输入类似,直接定位单元格进行录入即可,如该工作表中的 K 列"销售额"。Excel 的文本默认左对齐,数值默认右对齐。

(3)输入日期。

年月日之间使用"-"或"/"相隔,向工作表中输入"统计时间"列数据,如 2013 年 1 月 20 日可以在录入时输入 2013-1-20 或 2013/1/20,单击回车键即可实现该日期的录入。

(4)连续的编号录入。

如"编号"列,编号从 56210001 开始至 56210033 结束,在纵向上每向下一个单元格递增 1,对于这类有规律的序列输入(如重复或等差等比性质的数据)应该采用序列填充的方式进行快速录入，以提高工作速率。

操作步骤如下：

1）在 A3 单元格中录入 "'56210001"。

2）单击 A3，鼠标移动至 A3 右下角，当光标由空心的十字变成实心的十字时，向下拖动 A3 单元格的填充柄，至 A27 结束，即可快速录入所有连续编号。

5.2.5 数据有效性设置

对于一些有范围的数据，例如"销售业绩统计表"中"部门"列，且范围不大（仅有销售（1）部、销售（2）部和销售（3）部），为了提高录入速率并且避免在录入过程中出现不规范的数据，可以通过设置数据有效性，采用下拉列表形式规定数据的选择，不允许用户录入非法数据。

补充知识："数据有效性"下拉列表选择数据适用于项目个数少并且规范的数据，例如部门、单位、学历等。

对"部门"数据进行有效性设置。

操作步骤如下：

（1）选择部门列数据区域 D3:D35，单击"数据"选项卡→"数据工具"按钮→"数据有效性"选项，弹出"数据有效性"对话框，如图 5-13 所示。

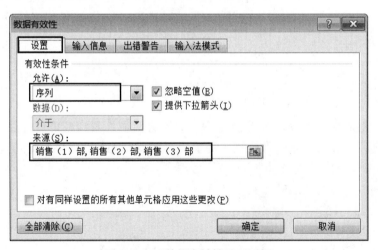

图 5-13 "数据有效性"对话框

（2）在"有效性条件"选项中，选择"允许"下拉列表框中的"序列"选项，在"来源"栏中输入"销售（1）部,销售（2）部,销售（3）部"，除了手动输入来源条件外，也可以通过数据表导入的方式进行导入，最后单击"确定"按钮即可完成数据有效性录入。在 D3:D35 区域录入数据时，即可使用下拉框，有三种选项，如图 5-14 所示，录入时，只要在下拉框中选择相应的部门即可。

注意：在来源中输入数据时，各有效值之间的分隔务必采用半角（即英文状态下）的逗号。

补充知识：Excel 强大的制表功能给我们的工作带来了方便，但是在表格数据录入过程中难免会出错，一不小心就会录入一些错误的数据，比如重复的身份证号码，超出范围的无效数据等。其实，只要合理设置数据有效性规则，就可以避免错误。

图 5-14 "部门"列数据录入下拉框

5.2.6 图片插入

为 Excel 添加背景图片，使工作不再无趣。经常使用 Excel 表格，一定对表格的白底背景产生了一定的厌恶，常常感慨为什么不能多一点新意呢？其实通过背景图片的添加，可以让 Excel 表格重新焕发活力。

操作步骤如下：

（1）打开 Excel 2010，单击"页面布局"选项卡→"页面设置"功能组中的"背景"按钮，如图 5-15 所示。

图 5-15 "背景"按钮

（2）弹出"工作表背景"对话框，从计算机中选择自己喜欢的图片，单击"插入"按钮，如图 5-16 所示。

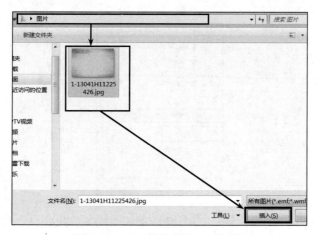

图 5-16 "工作表背景"对话框

（3）返回 Excel 表格，可以发现 Excel 表格的背景变成了刚才插入的图片，如图 5-17 所示。如果要取消，则单击"删除背景"按钮即可。

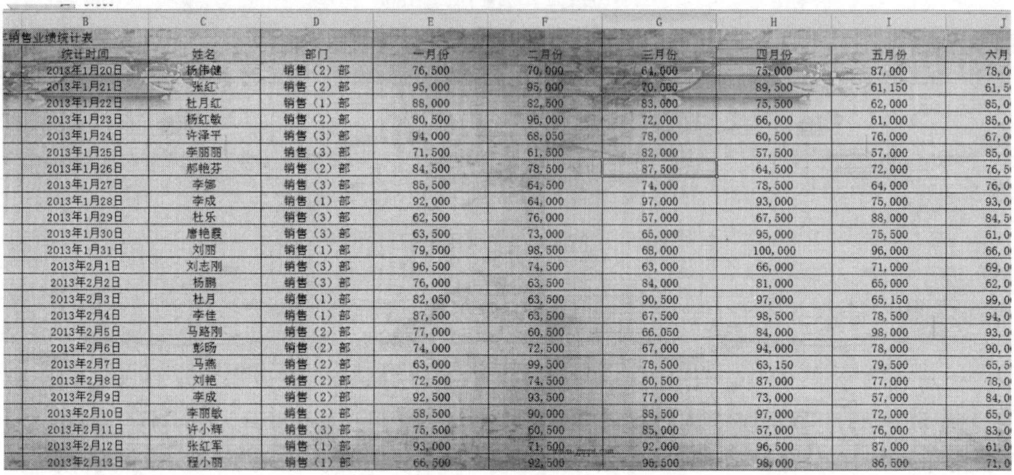

图 5-17　插入背景的 Excel 工作表

5.2.7　表格美化

表格在数据录入完毕后，需要对工作表进行一定的美化，从而使表格显得美观、大方、整齐，符合人们的审阅标准。表格美化一般包含行高列宽的设置、数据格式的设置、对齐方式的设置、边框底纹的设置，下面将介绍对销售业绩表美化的操作过程。

1. 行高和列宽设置

将销售业绩表的列宽设置为 20 像素，行高为"自动调整行高"。

操作步骤如下：

（1）单击销售业绩表任一单元格，同时按下 Ctrl+A 键，全选工作表。

注意：在对任何数据表内容进行操作前，务必先选择相应的数据区域。

（2）单击"开始"选项卡→"单元格"功能组→"格式"按钮→"自动调整行高"选项，如图 5-18 所示。

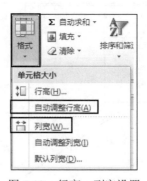

图 5-18　行高、列宽设置

（3）单击"开始"选项卡→"单元格"功能组→"格式"按钮→"列宽"选项，如图 5-18 所示，在弹出的"列宽"对话框中输入 20 即可，如图 5-19 所示。

图 5-19　列宽设置

2．数据格式设置

设置统计时间的显示方式，例如将 2013-1-20 显示为 2013 年 1 月 20 日。

操作步骤如下：

（1）选择统计时间所在区域 B3:B35。

（2）单击"开始"选项卡→"样式"功能组→"新建单元格样式"选项→"格式"按钮→"数字"选项卡→"自定义"命令，在类型下的列表框中选择"yyyy"年"m"月"d"日"", 如图 5-20 所示。

（3）单击"确定"按钮即可更改日期的显示方式，结果如图 5-21 所示。

图 5-20　更改日期的显示方式

图 5-21　年月日更改格式后的结果

由于实际需要，销售表的统计时间还需注明星期，同样可以通过设置单元格式完成。

操作步骤如下：

（1）选择工作日期所在区域F3:F35。

（2）单击"开始"选项卡→"样式"功能组→"新建单元格样式"选项→"格式"按钮→"数字"选项卡→"自定义"命令，在类型下的列表框中选择"yyyy"年"m"月"d"日""后输入[$-804]aaaa;@，如图5-22所示。

（3）单击"确定"按钮即可自动判断并显示星期，结果如图5-23所示。

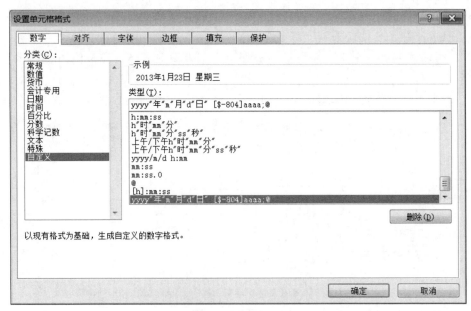

图 5-22　显示星期的操作

图 5-23　星期显示后的结果

3. 对齐方式设置

对表格标题合并居中显示。

操作步骤如下：

（1）选中表标题所在区域A1:K1。

（2）单击"开始"选项卡→"对齐方式"功能组→"合并后居中"按钮，如图5-24所示，结果如图5-25所示。

图 5-24　标题合并居中操作

图 5-25　表标题合并居中结果

4. 表格内容对齐设置

表格内容呈水平居中、垂直居中显示。

操作步骤如下：

（1）选择表格内容区域 A2:K35。

（2）单击"开始"选项卡→"对齐方式"功能组→"垂直居中"按钮/"水平居中"按钮，如图 5-26 所示。

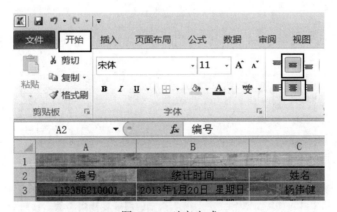

图 5-26　对齐方式

5. 边框设计

给"销售业绩表"加上相应边框，让表格更加规整。

操作步骤如下：

（1）选择数据表区域 A2:K35。

（2）单击"开始"选项卡→"字体"功能组→"边框"按钮→"所有框线"选项，如图 5-27 所示。

6. 底纹设置

最后为表格加上一些颜色填充，让其充满活力，设置列标题与表标题的底纹为浅绿色。

操作步骤如下：

（1）选择列标题与表标题所在区域 A1:K2。

图 5-27　边框线设置

（2）单击"开始"选项卡→"字体"功能组→"填充"按钮→"浅绿"命令，如图 5-28 所示。

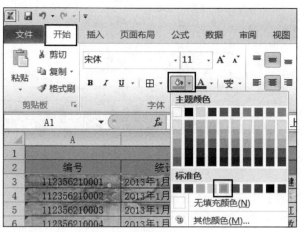

图 5-28　填充颜色设置

知识补充：这节中所有的操作除了以上讲述的方式外，都可以在"设置单元格格式"中完成，例如：表格标题合并居中显示。

操作步骤如下：

（1）选中表标题所在区域 A1:K1。

（2）单击鼠标右键，选择"设置单元格格式"→"对齐"，在"垂直对齐"下拉菜单中

第 5 章 销售业绩表制作

选择居中,在"文本控制"中,选择"合并单元格",如图 5-29 所示。

对于其余类似边框设置,行高列宽的设置等,在"设置单元格格式"选项卡中都有相应的选项,通过这些选项,可以进行设置,完成表格美化的相关操作。

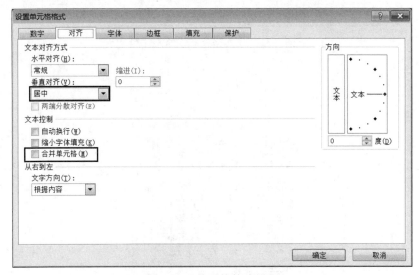

图 5-29　单元格格式设置

5.2.8　条件格式使用

在 Excel 2010 中可以直观地查看符合一定要求的单元格,其通过使用条件格式功能来完成,例如,需要突显"销售业绩表"中销售额大于 500,000 的单元格,下面将具体介绍下条件格式的使用步骤。

操作步骤如下:

(1)选中需要进行判断的所在区域 K3:K35。

(2)单击鼠标右键,选择"开始"选项卡→"条件格式"按钮→"突出显示单元格规则"选项→"大于"命令,如图 5-30 所示,在弹出的条件对话框中,如图 5-31 所示,输入需要满足的条件:大于的金额 500,000 和满足此条件的结果:单元格将以浅红色显示,如图 5-32 所示。

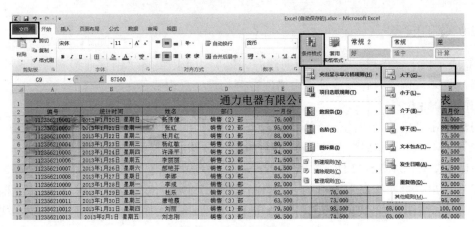

图 5-30　单元格格式设置

图 5-31 单元格格式设置对话框

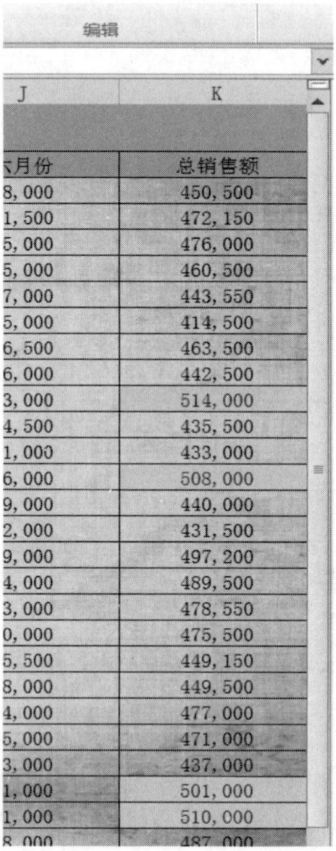

图 5-32 条件格式结果

5.2.9 打印设置

当完成了以上操作后，表格已经创建好，最后一步则要将"销售业绩表"打印出来，以 A4 纸横向打印，调整内容缩放使得表格所有列均在一页内显示。

操作步骤如下：

（1）单击表格数据中的任一单元格。

（2）单击"页面布局"选项卡→"页面设置"功能组→"纸张大小"按钮→A4，21 厘米×29.7 厘米选项，如图 5-33 所示，完成纸张大小的设置。

（3）单击"页面布局"选项卡→"页面设置"功能组→"纸张方向"按钮→"横向"选项，如图 5-34 所示，完成打印方向设置。单击"打印预览"按钮，如图 5-35 所示，观察表格所有列是否均出现在页面中，如图 5-36 所示。

第 5 章 销售业绩表制作

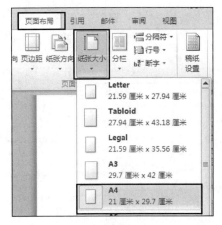

图 5-33 纸张设置

图 5-34 纸张方向设置

图 5-35 "打印预览"按钮

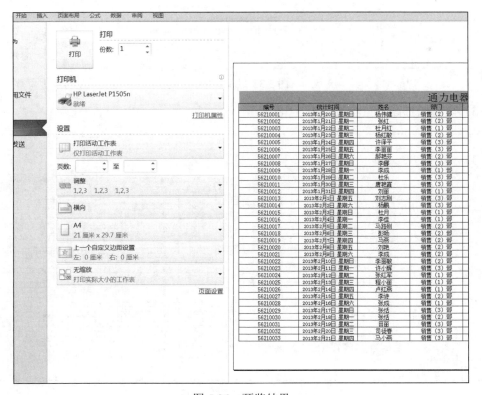

图 5-36 预览结果

（4）调整页面使得所有列数据均在一页内打印，由于数据过多，简单的调整页边距无法达到此要求，需对整个页面进行缩放才能实现，单击"无缩放"→"将工作表调整为一页"，如图5-37所示。

图 5-37　缩放菜单

（5）最终的打印预览结果如图5-38所示。

图 5-38　打印预览结果

补充知识：在实际应用制表中，经常会对一些数据进行统一的处理，例如统一的放大或缩小，这时，可以通过批量填充的方式来提高制表的效率，下面具体介绍批量填充数据的具体操作。

要求：在如图 5-39 所示的数据表空白的单元格中快速填写"缺考"内容。

	A	B	C	D	E	F	G	H	I
1	学号	姓名	语文	数学	英语	生物	地理	历史	政治
2	120305	包宏伟	91.5	89	94	92	91	86	86
3	120203	陈万地		93	99	86	86	73	92
4	120104	杜学江	102	116	113	78	88	86	73
5	120301	符合		98	101	95	91	95	78
6	120306	吉祥	101	94	99	90	87	95	93
7	120206	李北大	100.5	103	104	88	89	78	90
8	120302	李娜娜	78	95		82	90	93	
9	120204	刘康锋	95.5	92	96		95	91	92
10	120201	刘鹏举	93.5	107	96	100	93	92	93
11	120304	倪冬声	95	97	102	93	95		88
12	120103	齐飞扬	95	85	99	98	92	92	88
13	120105	苏解放	88	98	101	89	73	95	
14	120202	孙玉敏	86	107	89	88	92	88	89
15	120205	王清华	103.5	105	105	93	93	90	86
16	120102	谢如康	110		98	99		93	92
17	120303	闫朝霞	84	100	97	87	78	89	93
18	120101	曾令煊	97.5	106		98	99	99	96
19	120106	张桂花	90	111	116	72	95	93	95

图 5-39 批量录入数据表

操作步骤如下：

（1）单击数据表中任一单元格，如 E7，选中数据表所有单元格（按下 Ctrl+A 组合键）。

（2）按下功能键 F5 弹出"定位"对话框，如图 5-40 所示。

（3）选择"定位条件"→"空值"，如图 5-41 所示，单击"确定"按钮，数据表中所有空白单元格均被选中，如图 5-42 所示。

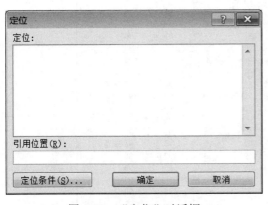

图 5-40 "定位"对话框

图 5-41 "定位条件"对话框

（4）在编辑框中输入"缺考"，如图 5-43 所示，同时按下 Ctrl+Enter 组合键，即可对所有空白单元格填充"缺考"，结果如图 5-44 所示。

	A	B	C	D	E	F	G	H	I
1	学号	姓名	语文	数学	英语	生物	地理	历史	政治
2	120305	包宏伟	91.5	89	94	92	91	86	86
3	120203	陈万地	93	99		86	86	73	92
4	120104	杜学江	102	116	113	78	88	86	73
5	120301	符合		98	101	95	91	95	78
6	120306	吉祥	101	94	99	90	87	95	93
7	120206	李北大	100.5	103	104	88	89	78	90
8	120302	李娜娜	78	95		82	90	93	
9	120204	刘康锋	95.5	92	96		95	91	92
10	120201	刘鹏举	93.5	107	96	100	93	92	93
11	120304	倪冬声	95	97	102	93	95		88
12	120103	齐飞扬	95	85	99	98	92	92	88
13	120105	苏解放	88	98	101	89	73	95	
14	120202	孙玉敏	86	107	89	88	92	88	89
15	120205	王清华	103.5	105	105	93	93	90	86
16	120102	谢如康	110		98	99		93	92
17	120303	闫朝霞	84	100	97	87	78	89	93
18	120101	曾令煊	97.5	106		98	99	99	96
19	120106	张桂花	90	111	116	72	95	93	95

图 5-42　选中所有空白单元格

剪贴板　字体　对齐方式　数字

E3　fx　缺考

	A	B	C	D	E	F	G	H	I	J
1	学号	姓名	语文	数学	英语	生物	地理	历史	政治	
2	120305	包宏伟	91.5	89	94	92	91	86	86	
3	120203	陈万地	93	99	缺考	86	86	73	92	
4	120104	杜学江	102	116	113	78	88	86	73	
5	120301	符合		98	101	95	91	95	78	

图 5-43　编辑框录入

	A	B	C	D	E	F	G	H	I
1	学号	姓名	语文	数学	英语	生物	地理	历史	政治
2	120305	包宏伟	91.5	89	94	92	91	86	86
3	120203	陈万地	93	99	缺考	86	86	73	92
4	120104	杜学江	102	116	113	78	88	86	73
5	120301	符合	缺考	98	101	95	91	95	78
6	120306	吉祥	101	94	99	90	87	95	93
7	120206	李北大	100.5	103	104	88	89	78	90
8	120302	李娜娜	78	95	缺考	82	90	93	缺考
9	120204	刘康锋	95.5	92	96	缺考	95	91	92
10	120201	刘鹏举	93.5	107	96	100	93	92	93
11	120304	倪冬声	95	97	102	93	95	缺考	88
12	120103	齐飞扬	95	85	99	98	92	92	88
13	120105	苏解放	88	98	101	89	73	95	缺考
14	120202	孙玉敏	86	107	89	88	92	88	89
15	120205	王清华	103.5	105	105	93	93	90	86
16	120102	谢如康	110	缺考	98	99	缺考	93	92
17	120303	闫朝霞	84	100	97	87	78	89	93
18	120101	曾令煊	97.5	106	缺考	98	99	99	96
19	120106	张桂花	90	111	116	72	95	93	95

图 5-44　填充结果

5.3 实例小结

本节以制作销售业绩表为实例，从以下几个方面介绍了制作 Excel 2010 工作表所涉及的知识内容：

（1）新建与保存工作簿。新建工作簿的方式多种多样，个人只需选择合适的方式创建即可，保存工作簿过程中，需注意保存与另存为的区别（Ctrl+S 为保存的快捷键，Ctrl+C 为复制快捷键，Ctrl+V 为粘贴快捷键）。

（2）重命名工作表。对于新建的工作簿，默认的工作表名称是 Sheet1、Sheet2、Sheet3，为了使工作表更有辨识度，一般在使用过程中都要对工作表进行重新命名。除了重命名工作表外，还有插入新工作表、复制移动工作表、改变工作表标签颜色、删除工作表、选定工作表等都是工作表常用的操作功能。

（3）数据的录入。数据的录入主要分四种：文本、数值、日期、逻辑型数据。数值型的文本直接录入即可，需要设置数值格式时，只需在"单元格格式"对话框的"数字"选项栏中进行修改；非数值型的文本数据先输入半角单引号，再输入数值即可。输入日期时，年月日之间用"-"或"/"隔开。对于有规律的数据系列，则可以利用数据填充的方法进行数据录入；对于项目个数少而规范的数据，则在数据录入时可以考虑设置数据录入的有效性，让使用者在录入数据时从下拉框中选择即可。

（4）单元格格式设置。数据录入完毕后为了使工作表整齐美观，还要设置单元格格式，如设定合适的行高、列宽，设置字体字号及对齐方式，设置表格边框线，设置底纹等。

（5）条件格式的设置是为了突显出满足一定条件的单元格，Excel 2010 提供了一种可以简单判断某些单元格是否符合一定需求的方法，当满足这些条件后，可以通过设定文本或者是填充色的方式，突显出该单元格，使得使用者能更加方便和直观地审阅数据。

（6）打印设置。打印排版也是 Excel 2010 的一个常用功能，在打印前，根据实际情况，需设置打印的区域（全部打印、部分打印）、打印的纸张、打印的方向等基础信息。此外，还可设置页眉页脚内容，调整合适的页边距，设置工作表中顶端标题行或左端标题行缩放等操作。

5.4 拓展练习

1. 对如图 5-45 所示的"参赛表"进行格式设置，最终效果如图 5-46 所示。

要求：

（1）将表标题"中国汽车产销量历年统计"合并居中，设置宋体、20 号、加粗。

（2）列标题设置：字体为宋体，字号为 11、白色、加粗显示，水平居中，垂直居中，列标题底纹为深蓝。

（3）表格数据设置为宋体、10 号，水平居中，垂直居中。

（4）将数据部分的表格设置行高为 20 像素，列宽为最适合列宽。

（5）给数据表添加边框线，其中外框线为粗实线，内框线为点横线。

（6）表内所有数据列保留两位小数。

	A	B	C	D	E	F
1	中国汽车产销量历年统计					
2	年份	产量/万辆	销量/万辆	保有量/亿辆	千人保有量/辆	
3	2005	570.77	575.82	0.35	24.01	
4	2006	728	711	0.38	27.63	
5	2007	888.24	879.15	0.5697	32.01	
6	2008	934.51	938.05	0.6467	36.86	
7	2009	1379.1	1364.48	0.7619	43	
8	2010	1826.47	1806.19	0.7801	54	
9	2011	1841.89	1850.51	1.0578	69	
10	2012	1927.18	1930.64	1.2089	83	
11	2013	2211.68	2198.14	1.37亿	93.6	

图 5-45　参赛表格式设置

	A	B	C	D	E
1	中国汽车产销量历年统计				
2	年份	产量/万辆	销量/万辆	保有量/亿辆	千人保有量/辆
3	2005	570.77	575.82	0.35	24.01
4	2006	728.00	711.00	0.38	27.63
5	2007	888.24	879.15	0.57	32.01
6	2008	934.51	938.05	0.65	*43.00*
7	2009	1379.10	1364.48	0.76	36.86
8	2010	1826.47	1806.19	0.78	*54.00*
9	2011	1841.89	1850.51	1.06	69.00
10	2012	1927.18	1930.64	1.21	83.00
11	2013	2211.68	2198.14	1.37亿	93.60

图 5-46　参赛表结果

（7）对于"千人保有量"大于 40 而小于 60 的单元格，数据内容加粗倾斜红色底纹显示。

（8）重命名工作表为"中国汽车产销量历年统计"。

2．对如图 5-47 所示的"全球淡水资源利用情况"表进行格式设置，最终效果如图 5-48 所示。

（1）将"sheet1"工作表重命名为"全球淡水资源利用情况"。

（2）表标题"1987～2002 年淡水资源的利用"合并居中，设置为字体大小为 20 磅，加粗，宋体，表格数据居中显示。

（3）为工作表插入背景图片"淡水资源利用.png"。

（4）给数据表添加边框线，其中外框线为水绿色（水绿色，强调文字颜色 5）的粗实线，内框线为黑色细实线。

(5) 在工作表中,请计算所列 26 个国家"用于农业""用于工业""生活用水"的平均值(数值型保留小数点后 2 位),并分别填入相应的 C35 至 E35 单元格中。

(6) 在"1987～2002 年度淡水抽取量占水资源总量百分比(%)"列中用"绿色填充深绿色文本"凸显出百分比高于 50%的单元格。

(7) 将 Excel 文档命名为"全球淡水资源的利用"。

	A	B	C	D	E
1	1987～2002年淡水资源的利用				
2		1987～2002年度淡水抽取量占水资源总量百分比(%)	1987～2002年淡水抽取量的利用(%)		
3					
4	国　　家		用于农业	用于工业	生活用水
5	世界总计	9.1	70	20	10
6	高收入国家	10.2	42	42	15
7	中等收入国家	6.3	71	19	10
8	低收入国家	18.9	89	5	6
9	中　　国	22.4	68	26	7
10	印　　度	51.2	86	5	8
11	以 色 列	256.3	62	7	31
12	日　　本	20.6	62	18	20
13	韩　　国	28.6	48	16	36
14	老　　挝	1.6	90	6	4
15	马来西亚	1.6	62	21	17
16	巴基斯坦	323.3	96	2	2
17	菲 律 宾	6	74	9	17
18	泰　　国	41.5	95	2	2
19	南　　非	27.9	63	6	31
20	加 拿 大	1.6	12	69	20
21	墨 西 哥	19.1	77	5	17
22	美　　国	17.1	41	46	13
23	阿 根 廷	10.6	74	9	17
24	巴　　西	1.1	62	18	20
25	白俄罗斯	7.5	30	47	23
26	法　　国	22.5	10	74	16
27	德　　国	44	20	68	12
28	荷　　兰	72.2	34	60	6
29	波　　兰	30.2	8	79	13
30	西 班 牙	32	68	19	13
31	土 耳 其	16.5	74	11	15
32	英　　国	6.6	3	75	22
33	澳大利亚	4.9	75	10	15
34	新 西 兰	0.6	42	9	48
35	以上26个国家的平均量				

图 5-47　全球淡水资源利用情况表设置

	A	B	C	D	E
1	1987～2002年淡水资源的利用				
2		1987～2002年度淡水抽取量占水资源总量百分比(%)	1987～2002年淡水抽取量的利用(%)		
3					
4	国　家		用于农业	用于工业	生活用水
5	世界总计	9.1	70	20	10
6	高收入国家	10.2	42	42	15
7	中等收入国家	6.3	71	19	10
8	低收入国家	18.9	89	5	6
9	中　国	22.4	68	26	7
10	印　度	51.2	86	5	8
11	以色列	256.3	62	7	31
12	日　本	20.6	62	18	20
13	韩　国	28.6	48	16	36
14	老　挝	1.6	90	6	4
15	马来西亚	1.6	62	21	17
16	巴基斯坦	323.3	96	2	2
17	菲律宾	6	74	9	17
18	泰　国	41.5	95	2	2
19	南　非	27.9	63	6	31
20	加拿大	1.6	12	69	20
21	墨西哥	19.1	77	5	17
22	美　国	17.1	41	46	13
23	阿根廷	10.6	74	9	17
24	巴　西	1.1	62	18	20
25	白俄罗斯	7.5	30	47	23
26	法　国	22.5	10	74	16
27	德　国	44	20	68	12
28	荷　兰	72.2	34	60	6
29	波　兰	30.2	8	79	13
30	西班牙	32	68	19	13
31	土耳其	16.5	74	11	15
32	英　国	6.6	3	75	22
33	澳大利亚	4.9	75	10	15
34	新西兰	0.6	42	9	48
35	以上26个国家的平均量		56.93	26.77	16.20

图 5-48　全球淡水资源利用情况表设置结果

第 6 章　公司年度差旅报销管理

学习目标

- 掌握日期格式的自定义
- 掌握函数与公式的使用

6.1　实例简介

财务部助理小王需要向主管汇报 2013 年度公司差旅报销情况，待处理数据包括三张表：费用报销管理、费用类别、差旅成本分析报告，如图 6-1 所示。

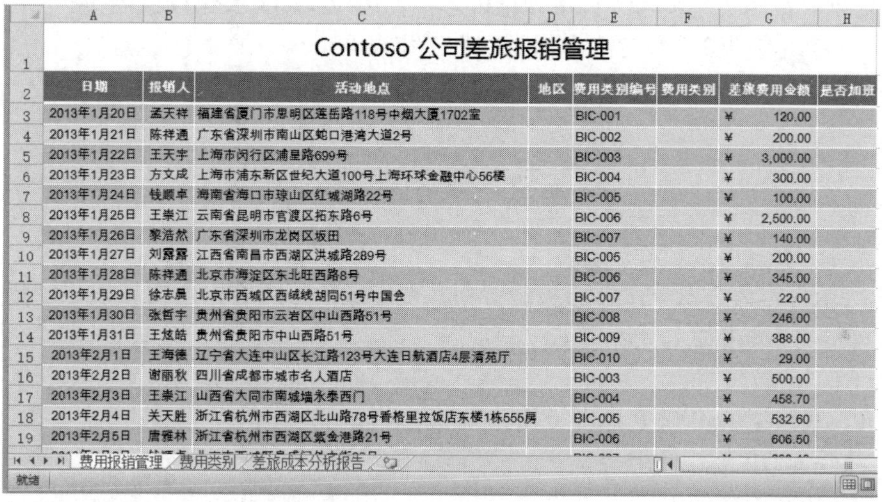

Contoso 公司差旅报销管理

日期	报销人	活动地点	地区	费用类别编号	费用类别	差旅费用金额	是否加班
2013年1月20日	孟天祥	福建省厦门市思明区莲岳路118号中烟大厦1702室		BIC-001		¥ 120.00	
2013年1月21日	陈祥通	广东省深圳市南山区蛇口港湾大道2号		BIC-002		¥ 200.00	
2013年1月22日	王天宇	上海市闵行区浦星路699号		BIC-003		¥ 3,000.00	
2013年1月23日	方文成	上海市浦东新区世纪大道100号上海环球金融中心56楼		BIC-004		¥ 300.00	
2013年1月24日	钱顺卓	海南省海口市琼山区红城湖路22号		BIC-005		¥ 100.00	
2013年1月25日	王崇江	云南省昆明市官渡区拓东路6号		BIC-006		¥ 2,500.00	
2013年1月26日	黎浩然	广东省深圳市龙岗区坂田		BIC-007		¥ 140.00	
2013年1月27日	刘露露	江西省南昌市西湖区洪城路289号		BIC-005		¥ 200.00	
2013年1月28日	陈祥通	北京市海淀区东北旺西路8号		BIC-006		¥ 345.00	
2013年1月29日	徐志晨	北京市西城区西绒线胡同51号中国会		BIC-007		¥ 22.00	
2013年1月30日	张哲宇	贵州省贵阳市云岩区中山西路51号		BIC-008		¥ 246.00	
2013年1月31日	王炫皓	贵州省贵阳市中山西路51号		BIC-009		¥ 388.00	
2013年2月1日	王海德	辽宁省大连中山区长江路123号大连日航酒店4层清苑厅		BIC-010		¥ 29.00	
2013年2月2日	谢丽秋	四川省成都市城市名人酒店		BIC-003		¥ 500.00	
2013年2月3日	王崇江	山西省大同市南城墙永泰西门		BIC-004		¥ 458.70	
2013年2月4日	关天胜	浙江省杭州市西湖区北山路78号香格里拉饭店东楼1栋555房		BIC-005		¥ 532.60	
2013年2月5日	唐雅林	浙江省杭州市西湖区紫金港路21号		BIC-006		¥ 606.50	

（a）

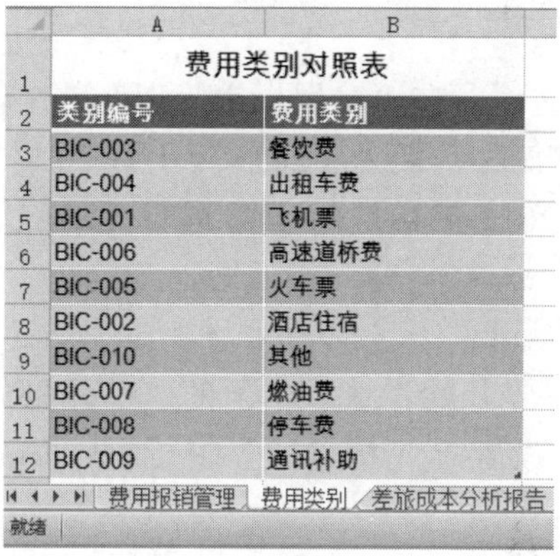

费用类别对照表

类别编号	费用类别
BIC-003	餐饮费
BIC-004	出租车费
BIC-001	飞机票
BIC-006	高速道桥费
BIC-005	火车票
BIC-002	酒店住宿
BIC-010	其他
BIC-007	燃油费
BIC-008	停车费
BIC-009	通讯补助

（b）

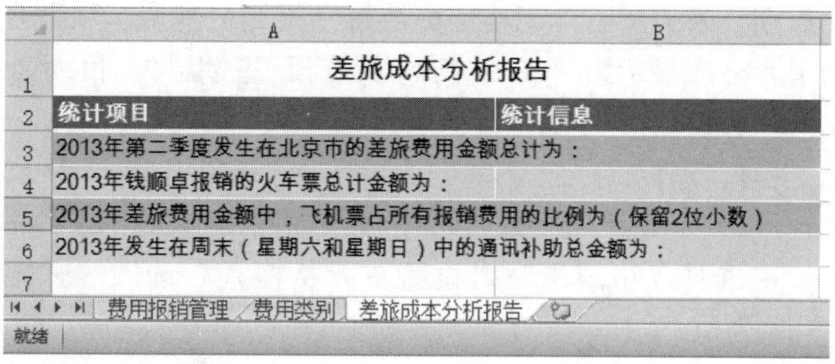

差旅成本分析报告

统计项目	统计信息
2013年第二季度发生在北京市的差旅费用金额总计为：	
2013年钱顺卓报销的火车票总计金额为：	
2013年差旅费用金额中，飞机票占所有报销费用的比例为（保留2位小数）	
2013年发生在周末（星期六和星期日）中的通讯补助总金额为：	

（c）

图 6-1　差旅报销表格

图 6-1（a）费用报销管理表包含日期、报销人、活动地点、地区、费用类别编号、费用类别、差旅费用金额、是否加班信息，其中地区列数据根据活动地点获取，费用类别列数据根据费用类别编号获取，是否加班列数据则根据日期判断是否加班。

图 6-1（b）费用类别对照表提供类别编号与费用类别直接的对应关系，通过相关函数调用，通过查找类别编号就可以获取对应的费用类别。

图 6-1（c）差旅成本分析报告主要考察函数公式的综合运用，给出相应的统计信息。

操作具体要求如下：

（1）自定义日期格式，在"费用报销管理"工作表"日期"列的所有单元格中，标注每个报销日期属于星期几。

（2）使用 LEFT 函数统计每个活动地点所在的省份或直辖市，并将其填写在"地区"列所对应的单元格中。

（3）使用函数公式判断每个日期是否为周末，是否加班，并填写在"是否加班"列对应的单元格中。

（4）依据"费用类别编号"列单元格内容，使用 VLOOKUP 函数，生成"费用类别"列对应单元格内容，对照关系参考"费用类别"工作表。

（5）使用 SUMIFS 函数完成"差旅成本分析报告"表中统计信息的内容。

6.2 实例制作

图 6-1 所示内容为公司年度差旅报销费用，要完成所示内容，主要按以下步骤来完成：

（1）自定义日期格式，标注星期。
（2）LEFT 函数使用。
（3）IF、WEEKDAY 函数嵌套使用。
（4）VLOOKUP 函数使用。
（5）SUMIFS 函数使用。

6.2.1 自定义日期格式

打开实例原始文件"Contoso 公司差旅报销管理.xlsx"文件，在"费用报销管理"工作表"日期"列的所有单元格中标注每个报销日期属于星期几，例如日期为"2013 年 1 月 20 日"的单元格应显示为"2013 年 1 月 20 日 星期日"，日期为"2013 年 1 月 21 日"的单元格应显示为"2013 年 1 月 21 日 星期一"。

操作步骤如下：

（1）选中日期一列，选中效果如图 6-2 所示，然后在"开始"选项卡下的"单元格"一栏中选择"格式"→"设置单元格格式"选项，弹出"设置单元格格式"对话框，如图 6-3 所示。

（2）在"数字"选项卡中选择"自定义"分类，将类型设为"yyyy"年"m"月"d"日"aaaa"，如图 6-4 所示，设置完毕单击"确定"按钮，结果如图 6-5 所示。

第 6 章 公司年度差旅报销管理

图 6-2 日期列选中效果

图 6-3 设置单元格格式对话框

6.2.2 LEFT 函数使用

使用函数公式统计每个活动地点所在的省份或直辖市，并将其填写在"地区"列所对应的单元格中，例如"福建省厦门市思明区莲岳路 118 号中烟大厦 1702 室"对应的地区应为"福建省"。

提示：①函数是预先编写的公式，可以对一个或多个值执行运算，并返回一个或多个值。函数可以简化和缩短工作表中的公式，尤其在用公式执行很长或复杂的计算时。

图 6-4 自定义日期类型

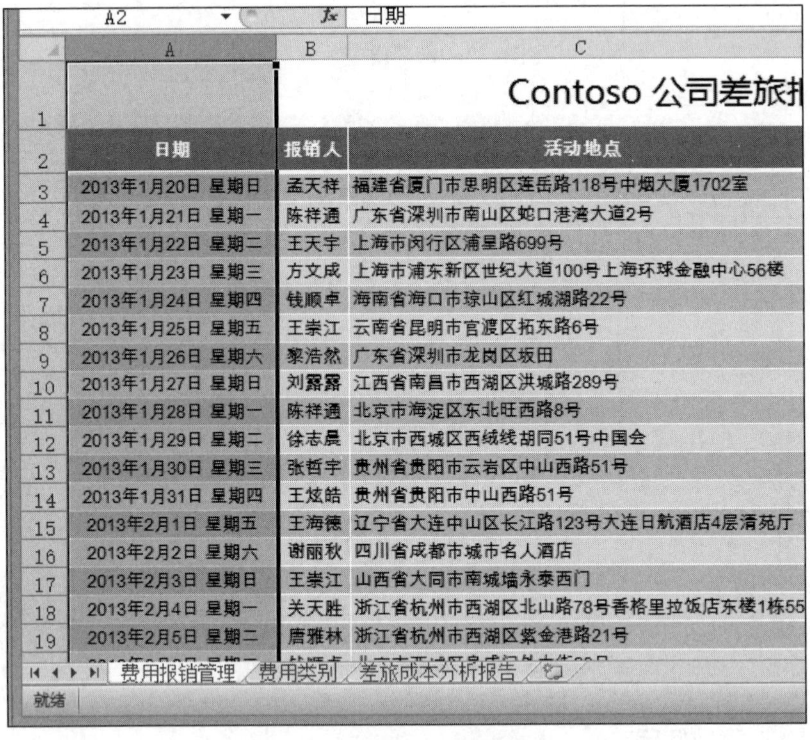

图 6-5 自定义日期类型结果

②LEFT 函数的作用：根据所指定的字符数，LEFT 返回文本字符串中第一个字符或前几个字符。

③LEFT 函数的公式语法：LEFT(text, [num_chars])

LEFT 函数语法具有两个参数：Text（必需；包含要提取的字符的文本字符串），Num_chars（可选；指定要由 LEFT 提取的字符的数量，必须大于或等于零）。

操作步骤如下：

（1）如图 6-6 所示选中 D3 单元格，选择"公式"菜单栏中的"插入函数" ，弹出"插入函数"对话框，搜索函数 left，单击"转到"按钮，搜索出相关函数，这里选择 LEFT 函数，如图 6-7 所示。

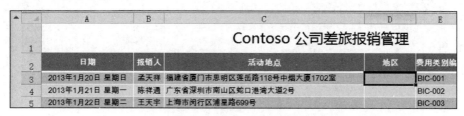

图 6-6　选中 D3 单元格

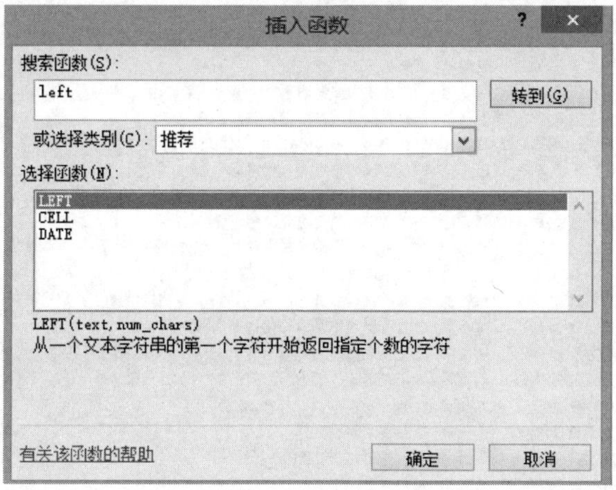

图 6-7　插入函数

（2）调用函数 LEFT(C3, 3)，提取 C3 单元格内容（福建省厦门市思明区莲岳路 118 号中烟大厦 1702 室）左边的 3 个字符（福建省）。如图 6-8 所示，填写 LEFT 函数的两个参数，"Text：C3""Num_chars：3"，单击"确定"，结果如图 6-9 所示。

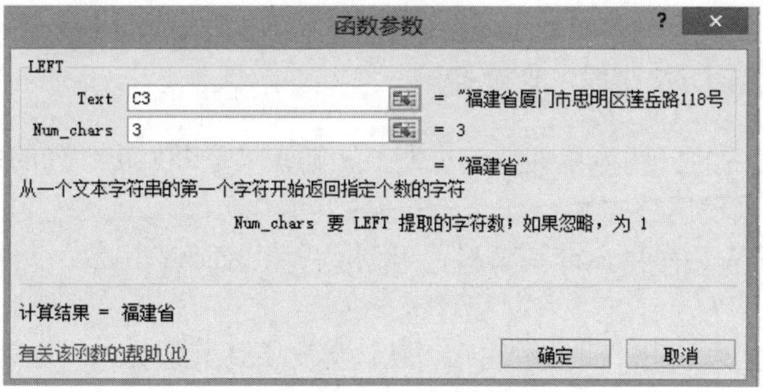

图 6-8　函数参数

（3）将鼠标空心十字指针移动到 D3 单元格右下角，当指针变为实心十字时按住鼠标左键向下拖动直至地区列最后一个内容单元格。结果如图 6-10 所示。

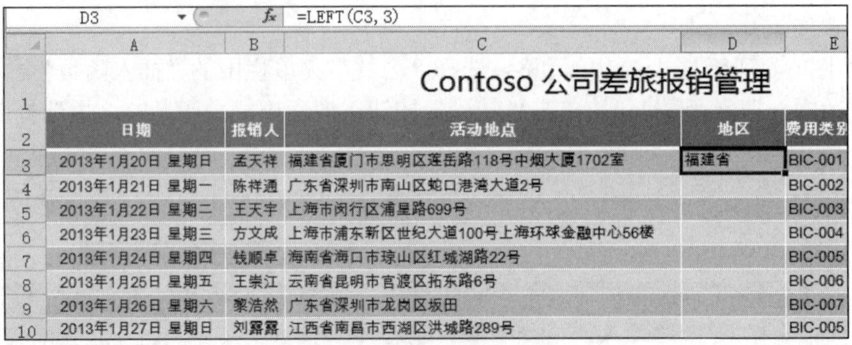

D3 fx =LEFT(C3,3)

	A	B	C	D	E
1	Contoso 公司差旅报销管理				
2	日期	报销人	活动地点	地区	费用类别
3	2013年1月20日 星期日	孟天祥	福建省厦门市思明区莲岳路118号中烟大厦1702室	福建省	BIC-001
4	2013年1月21日 星期一	陈祥通	广东省深圳市南山区蛇口港湾大道2号		BIC-002
5	2013年1月22日 星期二	王天宇	上海市闵行区浦星路699号		BIC-003
6	2013年1月23日 星期三	方文成	上海市浦东新区世纪大道100号上海环球金融中心56楼		BIC-004
7	2013年1月24日 星期四	钱顺卓	海南省海口市琼山区红城湖路22号		BIC-005
8	2013年1月25日 星期五	王崇江	云南省昆明市官渡区拓东路6号		BIC-006
9	2013年1月26日 星期六	黎浩然	广东省深圳市龙岗区坂田		BIC-007
10	2013年1月27日 星期日	刘露露	江西省南昌市西湖区洪城路289号		BIC-005

图 6-9　提取 C3 单元格内容结果图

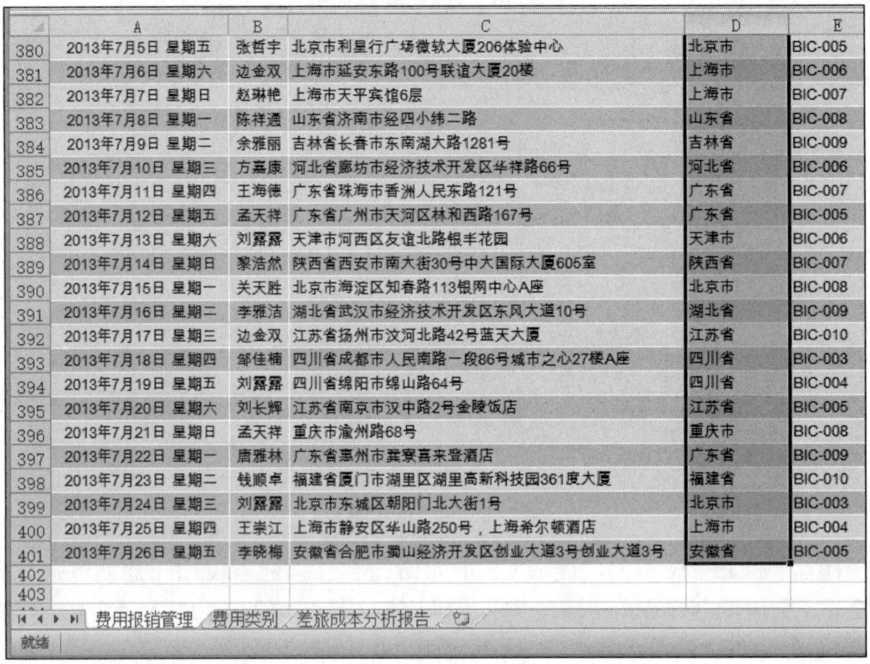

	A	B	C	D	E
380	2013年7月5日 星期五	张哲宇	北京市利星行广场微软大厦206体验中心	北京市	BIC-005
381	2013年7月6日 星期六	边金双	上海市延安东路100号联谊大厦20楼	上海市	BIC-006
382	2013年7月7日 星期日	赵琳艳	上海市天平宾馆6层	上海市	BIC-007
383	2013年7月8日 星期一	陈祥通	山东省济南市经四小纬二路	山东省	BIC-008
384	2013年7月9日 星期二	余雅丽	吉林省长春市东南湖大路1281号	吉林省	BIC-009
385	2013年7月10日 星期三	方嘉康	河北省廊坊市经济技术开发区华祥路66号	河北省	BIC-006
386	2013年7月11日 星期四	王海德	广东省珠海市香洲人民东路121号	广东省	BIC-007
387	2013年7月12日 星期五	孟天祥	广东省广州市天河区林和西路167号	广东省	BIC-005
388	2013年7月13日 星期六	刘露露	天津市河西区友谊北路银丰花园	天津市	BIC-006
389	2013年7月14日 星期日	黎浩然	陕西省西安市南大街30号中大国际大厦605室	陕西省	BIC-007
390	2013年7月15日 星期一	关天胜	北京市海淀区知春路113银网中心A座	北京市	BIC-008
391	2013年7月16日 星期二	李雅洁	湖北省武汉市经济技术开发区东风大道10号	湖北省	BIC-009
392	2013年7月17日 星期三	边金双	江苏省扬州市汶河北路42号蓝天大厦	江苏省	BIC-010
393	2013年7月18日 星期四	邹佳楠	四川省成都市人民南路一段86号城市之心27楼A座	四川省	BIC-003
394	2013年7月19日 星期五	刘露露	四川省绵阳市绵山路64号	四川省	BIC-004
395	2013年7月20日 星期六	刘长辉	江苏省南京市汉中路2号金陵饭店	江苏省	BIC-005
396	2013年7月21日 星期日	孟天祥	重庆市渝州路68号	重庆市	BIC-008
397	2013年7月22日 星期一	唐雅林	广东省惠州市宾客喜来登酒店	广东省	BIC-009
398	2013年7月23日 星期二	钱顺卓	福建省厦门市湖里区湖里高新科技园361度大厦	福建省	BIC-010
399	2013年7月24日 星期三	刘露露	北京市东城区朝阳门北大街1号	北京市	BIC-003
400	2013年7月25日 星期四	王崇江	上海市静安区华山路250号，上海希尔顿酒店	上海市	BIC-004
401	2013年7月26日 星期五	李晓梅	安徽省合肥市蜀山经济开发区创业大道3号创业大道3号	安徽省	BIC-005
402					
403					

费用报销管理 / 费用类别 / 差旅成本分析报告

就绪

图 6-10　结果图

6.2.3　IF、WEEKDAY 函数的嵌套使用

如果“日期”列中的日期为星期六或星期日，则在“是否加班”列的单元格中显示“是”，否则显示“否”（必须使用公式）。

判断当前日期是否为星期六或星期日，可调用 WEEKDAY 函数；判断是否加班，可调用 IF 函数。

WEEKDAY 函数返回某日期为星期几。默认情况下，其值为 1（星期天）到 7（星期六）之间的整数。

函数语法：WEEKDAY(serial_number,[return_type])

Serial_number　必需。一个序列号，代表尝试查找的那一天的日期。

Return_type　可选。用于确定返回值类型的数字，如表 6-1 所示。

表 6-1 返回值类型

序号	Return_type	返回的数字
1	数字 1 或省略	数字 1（星期日）到数字 7（星期六）
2	数字 2	数字 1（星期一）到数字 7（星期日）
3	数字 3	数字 0（星期一）到数字 6（星期日）
4	数字 11	数字 1（星期一）到数字 7（星期日）
5	数字 12	数字 1（星期二）到数字 7（星期一）
6	数字 13	数字 1（星期三）到数字 7（星期二）
7	数字 14	数字 1（星期四）到数字 7（星期三）
8	数字 15	数字 1（星期五）到数字 7（星期四）
9	数字 16	数字 1（星期六）到数字 7（星期五）
10	数字 17	数字 1（星期日）到数字 7（星期六）

当 WEEKDAY 函数中参数 Return_type 取 2，则返回的数字为 1（星期一）到数字 7（星期日），那么判断当前日期是否为星期六或星期日，只需判断函数 WEEKDAY 的值是否为 6 或 7。

IF 函数：如果指定条件的计算结果为 TRUE，IF 函数将返回某个值；如果该条件的计算结果为 FALSE，则返回另一个值。

IF 函数语法：IF(logical_test, [value_if_true], [value_if_false])

IF 函数语法具有下列参数：

logical_test   必需。计算结果可能为 TRUE 或 FALSE 的任意值或表达式。

value_if_true   可选。logical_test 参数的计算结果为 TRUE 时所要返回的值。

value_if_false   可选。logical_test 参数的计算结果为 FALSE 时所要返回的值。

操作步骤如下：

（1）选中 H3 单元格，调出 IF 函数，如图 6-11 所示，填写 IF 函数的三个参数，单击"确定"按钮后，结果如图 6-12 所示。

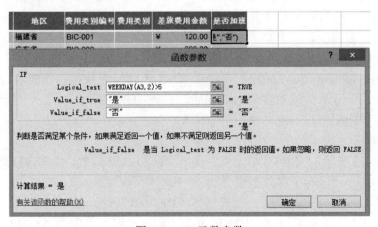

图 6-11　IF 函数参数

（2）利用 6.2.2 节的方法填充"是否加班"下面的单元格。

图 6-12　结果图

6.2.4　VLOOKUP 函数的使用

依据"费用类别编号"列内容，使用 VLOOKUP 函数，生成"费用类别"列内容，对照关系参考"费用类别"工作表。

使用 VLOOKUP 函数搜索某个单元格区域（区域：工作表上的两个或多个单元格，区域中的单元格可以相邻或不相邻）的第一列，然后返回该区域相同行上任何单元格中的值。

语法：VLOOKUP(lookup_value, table_array, col_index_num, [range_lookup])

VLOOKUP 函数语法具有下列参数：

lookup_value　必需。要在表格或区域的第一列中搜索的值。

table_array　必需。包含数据的单元格区域。

col_index_num　必需。table_array 参数中必须返回的匹配值的列号。

range_lookup　可选。一个逻辑值，指定希望 VLOOKUP 查找精确匹配值还是近似匹配值：

- 如果 range_lookup 为 TRUE 或被省略，则返回精确匹配值或近似匹配值。如果找不到精确匹配值，则返回小于 lookup_value 的最大值。如果 range_lookup 为 TRUE 或被省略，则必须按升序排列 table_array 第一列中的值；否则，VLOOKUP 可能无法返回正确的值。
- 如果 range_lookup 为 FALSE，则不需要对 table_array 第一列中的值进行排序。如果 range_lookup 参数为 FALSE，VLOOKUP 将只查找精确匹配值。如果 table_array 的第一列中有两个或更多值与 lookup_value 匹配，则使用第一个找到的值。如果找不到精确匹配值，则返回错误值 #N/A。

操作步骤如下：

（1）如图 6-13 所示，选中 F3 单元格，调出 VLOOKUP 函数，填写 VLOOKUP 函数的四个参数。下面详细介绍这四个参数的意义。

第一个参数 Lookup_value：E3，搜索值为"BIC-001"。

第二个参数 Table_array：表 4，搜索区域是"费用类别"表中的 A3:B12 单元格区域，由于为该区域已定义名称为"表 4"，当为 Table_array 选择该搜索区域后，其值即为"表 4"。假若未为 A3：B12 单元格区域定义名称，则 Table_array 参数的值应为"费用类别!$A$3:$B$12"，其中"$"起固定地址作用。

第三个参数 Col_index_num：2，函数返回值为第 2 列"费用类别"的值。

第四个参数 Range_lookup：false，查找精确匹配值。

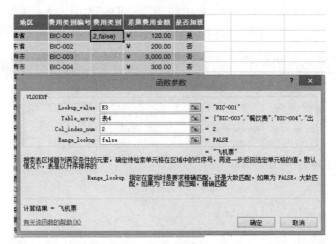

图 6-13　VLOOKUP 函数使用

当正确填写好 VLOOKUP 函数四个参数，可以看到参数的下方及对话框的左下角已显示计算结果，本例中计算结果=飞机票。

（2）单击"确定"按钮，F3 单元格即显示"飞机票"，再通过下拉复制公式方法完成费用类别列剩余单元格数据填写。

6.2.5　SUMIFS 函数的使用

（1）在"差旅成本分析报告"工作表 B3 单元格中，统计 2013 年第二季度发生在北京市的差旅费用总金额。

（2）在"差旅成本分析报告"工作表 B4 单元格中，统计 2013 年员工钱顺卓报销的火车票费用总额。

（3）在"差旅成本分析报告"工作表 B5 单元格中，统计 2013 年差旅费用中，飞机票费用占所有报销费用的比例，并保留 2 位小数。

（4）在"差旅成本分析报告"工作表 B6 单元格中，统计 2013 年发生在周末（星期六和星期日）的通讯补助总金额。

函数 SUMIFS 是对区域中满足多个条件的单元格求和。

函数语法：SUMIFS(sum_range, criteria_range1, criteria1, [criteria_range2, criteria2], ...)

SUMIFS 函数语法具有以下参数：

sum_range　　必需。对一个或多个单元格求和。

criteria_range1　　必需。在其中计算关联条件的第一个区域。

criteria1　　必需。条件的形式为数字、表达式、单元格引用或文本，可用来定义将对 criteria_range1 参数中的哪些单元格求和。

criteria_range2, criteria2, …　　可选。附加的区域及其关联条件。最多允许 127 个区域/条件对。

操作步骤如下：

（1）选中差旅成本分析报告表中的 B3 单元格，填写以下内容：

=SUMIFS(费用报销管理!G3:G401,费用报销管理!A3:A401,">="&DATE(2013,4,1),费用报销管理!A3:A401,"<="&DATE(2013,6,30),费用报销管理!D3:D401,"北京市")，或者调用图 6-14 所示的图形化操作界面，最终计算出 2013 年第二季度发生在北京市的差旅费用总金额。

图 6-14　SUMIFS 函数参数

（2）选中差旅成本分析报告表中的 B4 单元格，填写以下内容：

=SUMIFS(费用报销管理!G3:G401,费用报销管理!B3:B401,"钱顺卓",费用报销管理!F3:F401,"火车票")，计算出 2013 年员工钱顺卓报销的火车票费用总额。

（3）选中差旅成本分析报告表中的 B5 单元格，填写以下内容：

=SUMIFS(费用报销管理!G3:G401,费用报销管理!F3:F401,"飞机票")/SUM(费用报销管理!G3:G401)，计算出 2013 年差旅费用中，飞机票费用占所有报销费用的比例。

（4）选中差旅成本分析报告表中的 B6 单元格，填写以下内容：

=SUMIFS(费用报销管理!G3:G401,费用报销管理!H3:H401,"是",费用报销管理!F3:F401,"通讯补助")。统计 2013 年发生在周末（星期六和星期日）的通讯补助总金额。

最终结果如图 6-15 所示。

	A	B
1	差旅成本分析报告	
2	统计项目	统计信息
3	2013年第二季度发生在北京市的差旅费用金额总计为：	¥　31,420.47
4	2013年钱顺卓报销的火车票总计金额为：	¥　1,871.60
5	2013年差旅费用金额中，飞机票占所有报销费用的比例为（保留2位小数）	4.60%
6	2013年发生在周末（星期六和星期日）中的通讯补助总金额为：	¥　3,740.70

图 6-15　结果图

6.3　实例小结

本章实例以公司年度差旅报销管理数据为工作内容，展示了 Excel 函数公式在实际工作中的应用。重点详细介绍了 LEFT、IF、WEEKDAY、VLOOKUP、SUMIFS 常用函数的应用，通过对话框图像界面方式设置每一个参数，若函数嵌套层次太多，也可以通过输入等号再直接输入函数的方式完成函数的调用。在后续章节也会陆续介绍其他常用函数的使用。

总之，函数与公式的应用可以大大减少 Excel 统计工作给人们带来的繁琐的计算量，提高工作效率。

6.4　拓展练习

1．计算机类图书销售情况统计。

小明是一位书店的销售人员，负责对计算机类图书的销售情况进行记录、统计和分析。2013 年 9 月份时他需要将 2013 年 7 月份至 8 月份的销售情况进行统计分析并汇总出新的表。完成样本如图 6-16 所示。

	A	B	C	D	E
1	7月份计算机图书销售情况统计				
2	图书编号	图书名称	单价（元）	销售量（册）	销售额（元）
3	JSJ0001	计算机基础及MS Office高级应用	50	100	5000
4	JSJ0002	计算机软硬件基础知识篇	32.5	80	2600
5	JSJ0003	二级公共基础知识	25	75	1875
6	JSJ0004	一级MS Office应用指导及模拟试题集	35.5	105	3727.5
7	JSJ0005	全国计算机考试三级教程-数据库技术	36.8	150	5520
8	JSJ0006	Windows 7教程	40.2	60	2412
9	JSJ0007	二级Visual Basic	42	45	1890
10	JSJ0008	Java语言程序设计	45.5	200	9100
11	JSJ0009	二级C	46	70	3220
12	JSJ0010	二级C++	47.2	82	3870.4
13	JSJ0011	二级Access	48.6	64	3110.4
14	JSJ0012	二级C语言考前强化指导	43.8	74	3241.2
15	JSJ0013	Visual FoxPro数据库程序设计	39.5	204	8058
16	JSJ0014	二级Java	34.7	315	10930.5
17	JSJ0015	全国计算机技术与软件专业技术资格	55.4	40	2216
18					
19					

7月份计算机图书销售情况　8月份计算机图书销售情况　图书销量汇总统计

就绪

（a）

	A	B	C	D	E
1	8月份计算机图书销售情况统计				
2	图书编号	图书名称	单价（元）	销售量（册）	销售额（元）
3	JSJ0001	计算机基础及MS Office高级应用	50.00	80	4000
4	JSJ0002	计算机软硬件基础知识篇	32.50	75	2437.5
5	JSJ0003	二级公共基础知识	25.00	105	2625
6	JSJ0004	一级MS Office应用指导及模拟试题集	35.50	150	5325
7	JSJ0005	全国计算机考试三级教程-数据库技术	36.80	60	2208
8	JSJ0006	Windows 7教程	40.20	45	1809
9	JSJ0007	二级Visual Basic	42.00	200	8400
10	JSJ0008	Java语言程序设计	45.50	70	3185
11	JSJ0009	二级C	46.00	82	3772
12	JSJ0010	二级C++	47.20	64	3020.8
13	JSJ0011	二级Access	48.60	74	3596.4
14	JSJ0012	二级C语言考前强化指导	43.80	204	8935.2
15	JSJ0013	Visual FoxPro数据库程序设计	39.50	315	12442.5
16	JSJ0014	二级Java	34.70	40	1388
17	JSJ0015	全国计算机技术与软件专业技术资格（	55.40	30	1662

7月份计算机图书销售情况　8月份计算机图书销售情况　图书销量汇总统计

就绪

（b）

图 6-16　计算机类图书销售情况

	A	B	C	D
1	7月、8月份计算机图书销售情况统计			
2	图书编号	书名	单价（元）	总销售额（元）
3	JSJ0001	计算机基础及MS Office高级应	50.00	9000.00
4	JSJ0002	计算机软硬件基础知识篇	32.50	5037.50
5	JSJ0003	二级公共基础知识	25.00	4500.00
6	JSJ0004	MS Office应用指导及模拟试	35.50	9052.50
7	JSJ0005	计算机考试三级教程-数据库	36.80	7728.00
8	JSJ0006	Windows 7教程	40.20	4221.00
9	JSJ0007	二级Visual Basic	42.00	10290.00
10	JSJ0008	Java语言程序设计	45.50	12285.00
11	JSJ0009	二级C	46.00	6992.00
12	JSJ0010	二级C++	47.20	6891.20
13	JSJ0011	二级Access	48.60	6706.80
14	JSJ0012	二级C语言考前强化指导	43.80	12176.40
15	JSJ0013	Visual FoxPro数据库程序设计	39.50	20500.50

(c)

图 6-16　计算机类图书销售情况（续图）

"计算机类图书销售情况统计.xlsx"是对 7 月、8 月的销售情况统计，请帮他完成下列工作：

（1）将"sheet1"工作表命名为"7月份计算机图书销售情况"，将"sheet2"工作表命名为"8月份计算机图书销售情况"。

（2）根据图书编号，请在"8月份计算机图书销售情况"工作表的"图书名称"列中，使用 VLOOKUP 函数完成图书名称的自动填充。

（3）根据图书编号，请在"8月份计算机图书销售情况"工作表的"单价"列中，使用 VLOOKUP 函数完成单价的自动填充。

（4）分别在"7月份计算机图书销售情况""8月份计算机图书销售情况"工作表内，计算出各类图书的"销售额（元）"列内容。

（5）对"图书销量汇总统计"表进行适当的格式化操作：将"单价（元）""总销售额（元）"列设为保留两位小数的数值，适当加大行高列宽，改变字体、字号，设置对齐方式，通过套用表格格式将所有的销售记录调整为一致的外观格式。

（6）在"图书销量汇总统计"表中，计算出"总销售额（元）"列的值。

2．销售信息分析和汇总。

小李今年毕业后，在一家计算机图书销售公司担任市场部助理，主要的工作职责是为部门经理提供销售信息的分析和汇总。完成样本如图 6-17 所示。

请你根据销售数据报表"销售订单明细表.xlsx"文件，按照如下要求完成统计和分析工作。

（1）请对"订单明细表"工作表进行格式调整，通过套用表格格式方法将所有的销售记录调整为一致的外观格式，并将"单价"列和"小计"列所包含的单元格调整为"会计专用"（人民币）数字格式。

（2）根据图书编号，请在"订单明细表"工作表的"图书名称"列中，使用 VLOOKUP 函数完成图书名称的自动填充。"图书名称"和"图书编号"的对应关系在"编号对照"工作表中。

（3）根据图书编号，请在"订单明细表"工作表的"单价"列中，使用 VLOOKUP 函数完成图书单价的自动填充。"单价"和"图书编号"的对应关系在"编号对照"工作表中。

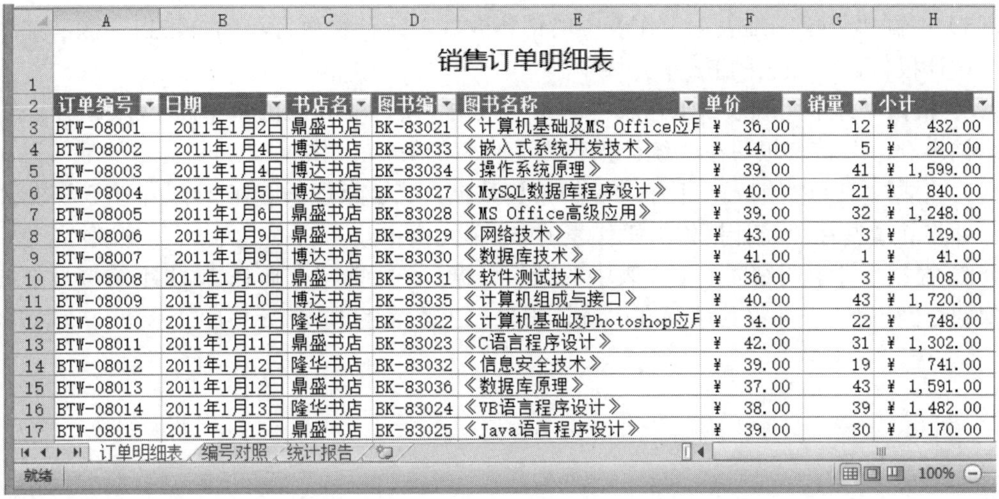

销售订单明细表

订单编号	日期	书店名称	图书编号	图书名称	单价	销量	小计
BTW-08001	2011年1月2日	鼎盛书店	BK-83021	《计算机基础及MS Office应	¥ 36.00	12	¥ 432.00
BTW-08002	2011年1月4日	博达书店	BK-83033	《嵌入式系统开发技术》	¥ 44.00	5	¥ 220.00
BTW-08003	2011年1月4日	博达书店	BK-83034	《操作系统原理》	¥ 39.00	41	¥ 1,599.00
BTW-08004	2011年1月5日	博达书店	BK-83027	《MySQL数据库程序设计》	¥ 40.00	21	¥ 840.00
BTW-08005	2011年1月6日	鼎盛书店	BK-83028	《MS Office高级应用》	¥ 39.00	32	¥ 1,248.00
BTW-08006	2011年1月9日	鼎盛书店	BK-83029	《网络技术》	¥ 43.00	3	¥ 129.00
BTW-08007	2011年1月9日	博达书店	BK-83030	《数据库技术》	¥ 41.00	1	¥ 41.00
BTW-08008	2011年1月10日	鼎盛书店	BK-83031	《软件测试技术》	¥ 36.00	3	¥ 108.00
BTW-08009	2011年1月10日	博达书店	BK-83035	《计算机组成与接口》	¥ 40.00	43	¥ 1,720.00
BTW-08010	2011年1月11日	隆华书店	BK-83022	《计算机基础及Photoshop应	¥ 34.00	22	¥ 748.00
BTW-08011	2011年1月11日	鼎盛书店	BK-83023	《C语言程序设计》	¥ 42.00	31	¥ 1,302.00
BTW-08012	2011年1月12日	隆华书店	BK-83032	《信息安全技术》	¥ 39.00	19	¥ 741.00
BTW-08013	2011年1月12日	鼎盛书店	BK-83036	《数据库原理》	¥ 37.00	43	¥ 1,591.00
BTW-08014	2011年1月13日	隆华书店	BK-83024	《VB语言程序设计》	¥ 38.00	39	¥ 1,482.00
BTW-08015	2011年1月15日	鼎盛书店	BK-83025	《Java语言程序设计》	¥ 39.00	30	¥ 1,170.00

（a）

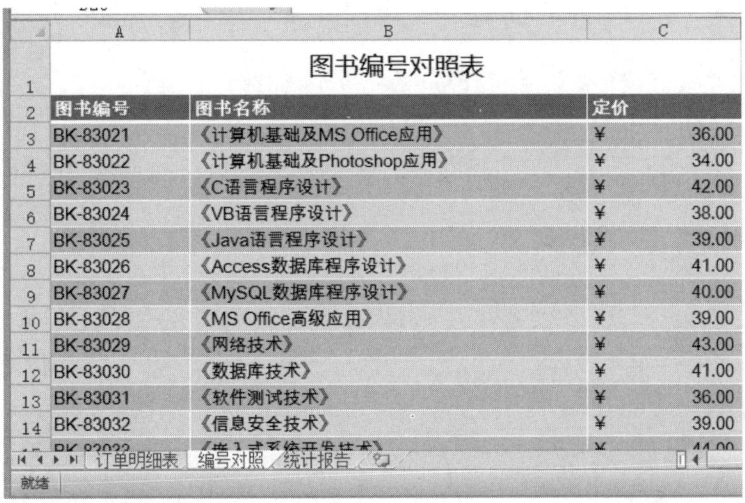

图书编号对照表

图书编号	图书名称	定价
BK-83021	《计算机基础及MS Office应用》	¥ 36.00
BK-83022	《计算机基础及Photoshop应用》	¥ 34.00
BK-83023	《C语言程序设计》	¥ 42.00
BK-83024	《VB语言程序设计》	¥ 38.00
BK-83025	《Java语言程序设计》	¥ 39.00
BK-83026	《Access数据库程序设计》	¥ 41.00
BK-83027	《MySQL数据库程序设计》	¥ 40.00
BK-83028	《MS Office高级应用》	¥ 39.00
BK-83029	《网络技术》	¥ 43.00
BK-83030	《数据库技术》	¥ 41.00
BK-83031	《软件测试技术》	¥ 36.00
BK-83032	《信息安全技术》	¥ 39.00

（b）

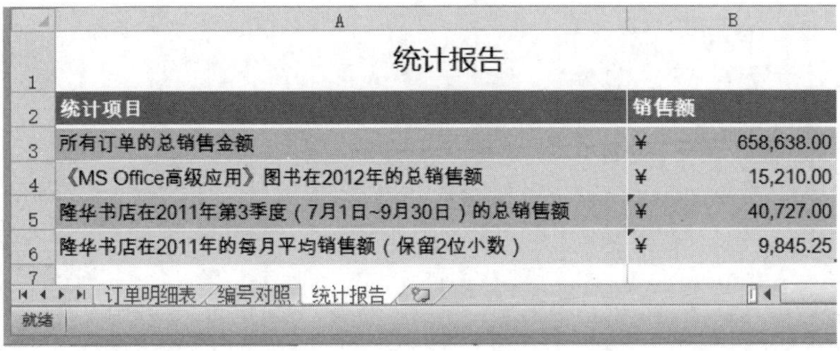

统计报告

统计项目	销售额
所有订单的总销售金额	¥ 658,638.00
《MS Office高级应用》图书在2012年的总销售额	¥ 15,210.00
隆华书店在2011年第3季度（7月1日~9月30日）的总销售额	¥ 40,727.00
隆华书店在2011年的每月平均销售额（保留2位小数）	¥ 9,845.25

（c）

图 6-17　计算机类图书销售信息

（4）在“订单明细表”工作表的“小计”列中，计算每笔订单的销售额。

（5）根据"订单明细表"工作表中的销售数据，统计所有订单的总销售金额，并将其填写在"统计报告"工作表的 B3 单元格中。

（6）根据"订单明细表"工作表中的销售数据，统计《MS Office 高级应用》图书在 2012 年的总销售额，并将其填写在"统计报告"工作表的 B4 单元格中。

（7）根据"订单明细表"工作表中的销售数据，统计隆华书店在 2011 年第 3 季度的总销售额，并将其填写在"统计报告"工作表的 B5 单元格中。

（8）根据"订单明细表"工作表中的销售数据，统计隆华书店在 2011 年的每月平均销售额（保留 2 位小数），并将其填写在"统计报告"工作表的 B6 单元格中。

第 7 章　学生成绩管理

学习目标

- 掌握条件格式功能的使用
- 掌握函数与公式的使用
- 掌握数据排序
- 掌握分类汇总
- 掌握图表的制作

7.1　实例简介

小蒋是一位中学教师,在教务处负责初一年级学生的成绩管理。由于学校地处偏远地区,缺乏必要的教学设施,只有一台配置不太高的 PC 可以使用。他在这台电脑中安装了 Microsoft Office,决定通过 Excel 来管理学生成绩,以弥补学校缺少数据库管理系统的不足。现在,第一学期期末考试刚刚结束,小蒋将初一年级三个班的成绩均录入了文件名为"学生成绩单.xlsx"的 Excel 工作簿文档中,如图 7-1 所示。

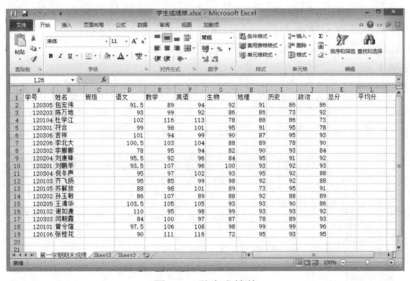

图 7-1　学生成绩单

操作具体要求如下:

(1)对数据列表进行格式化操作,将第一列"学号"列设为文本,将所有成绩列设为保留两位小数的数值,适当加大行高列宽,改变字体、字号,设置对齐方式,增加适当的边框和底纹以使工作表更加美观。

(2)将语文、数学、英语三科中不低于 110 分的成绩所在的单元格以一种颜色填充,其他四科中高于 95 分的成绩以另一种颜色标出。

（3）利用 SUM 和 AVERAGE 函数计算每一个学生的总分及平均成绩。

（4）通过 MID 函数从学号中提取每个学生所在的班级。

（5）复制工作表，建立副本。

（6）分类汇总求出每个班各科的平均成绩，并将每组结果分页显示。

（7）创建一个簇状柱形图，对每个班各科平均成绩进行比较。

7.2 实例制作

按以下步骤完成如图 7-1 所示学生成绩单的统计管理：

（1）数据列表格式化操作，美化工作表。

（2）使用条件功能标记筛选成绩。

（3）SUM 函数计算学生总分。

（4）AVERAGE 函数计算学生平均成绩。

（5）MID 函数从学号中提取班级。

（6）建立工作表副本，进行分类汇总。

（7）图表制作，直观比较每个班各科平均成绩。

7.2.1 数据列表格式化

对工作表"第一学期期末成绩"中的数据列表进行格式化操作：将第一列"学号"列设为文本，将所有成绩列设为保留两位小数的数值，适当加大行高列宽，改变字体、字号，设置对齐方式，增加适当的边框和底纹以使工作表更加美观。

操作步骤如下：

（1）设置学号为文本格式。选中"学号"列，然后在"开始"选项卡下的"单元格"一栏中选择"格式"→"设置单元格格式"选项，弹出"设置单元格格式"对话框，在"数字"选项卡中选择"文本"分类，如图 7-2 所示，单击"确定"按钮。

图 7-2 设置文本格式

(2)将所有成绩列设为保留两位小数的数值。选择所有成绩单元格 D2:L19，包括总分与平均分的空白单元格。通过"设置单元格格式"在"数字"选项卡中选择"数值"分类，将小数位数设置为 2，如图 7-3 所示，单击"确定"按钮，结果如图 7-4 所示。

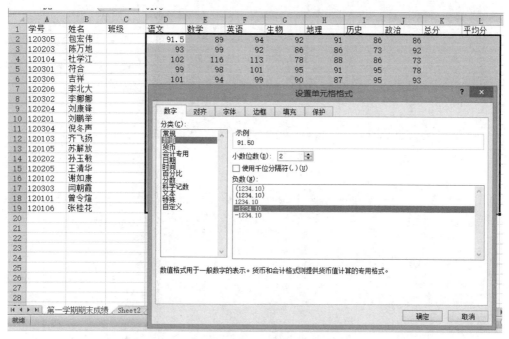

图 7-3　设置成绩数值格式

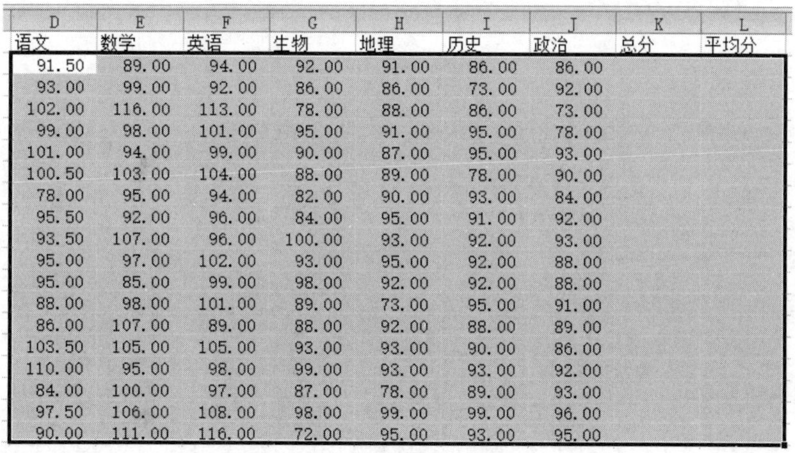

图 7-4　成绩数值设置结果

（3）适当加大行高列宽。选中所有数据，在"开始"选项卡下的"单元格"一栏中选择"格式"→"行高"，设置行高值，如图 7-5 所示，同样方法设置"格式"→"列宽"，如图 7-6 所示。

（4）改变字体、字号。选中所有单元格数据，如图 7-7 所示将字体设置为黑体，字号设置为 12 号，字体、字号可根据个人喜好设定。

图 7-5　设置行高

图 7-6　设置列宽

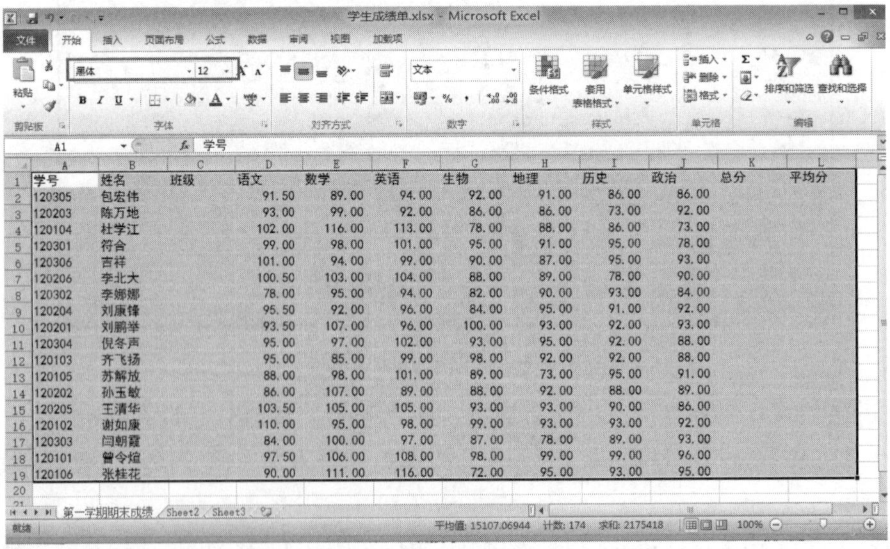

图 7-7　改变字体、字号

（5）设置对齐方式，增加适当的边框和底纹。选中所有单元格数据 A1:L19，选择"设置单元格格式"→"对齐"→"水平对齐"→"居中"，"边框"→"外边框"→"内部"，"填充"→"背景色"，如图 7-8 至图 7-10 所示。

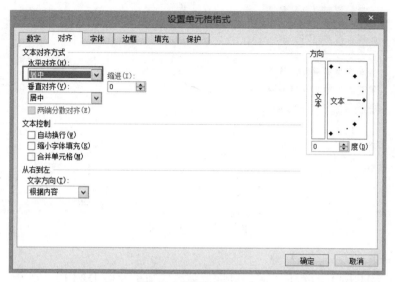

图 7-8　设置对齐方式

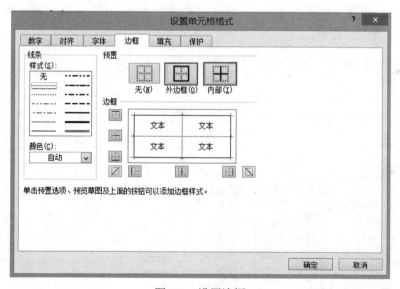

图 7-9　设置边框

7.2.2　条件格式功能使用

利用"条件格式"功能进行下列设置：将语文、数学、英语三科中不低于 110 分的成绩所在的单元格以一种颜色填充，其他四科中高于 95 分的成绩以另一种颜色标出，所用颜色深浅以不遮挡数据为宜。

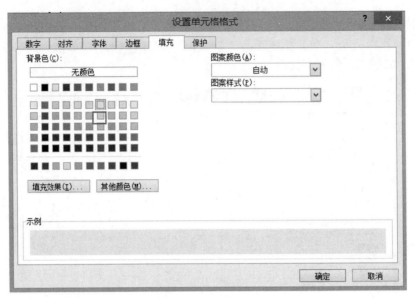

图 7-10 设置底纹

操作步骤如下：

（1）如图 7-11 所示，选中语文、数学、英语成绩单元格 D2:F19，在开始菜单"样式"栏选择"条件格式"→"突出显示单元格规则"→"其他规则"，弹出如图 7-12 所示"新建格式规则"对话框，设置"单元格值"→"大于或等于"→"110"，再通过"格式"设置填充颜色，最后单击"确定"按钮。

图 7-11 设置条件格式

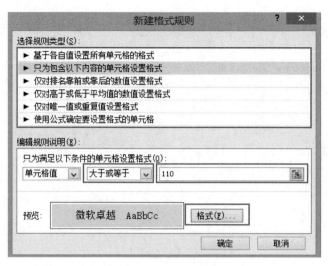

图 7-12　新建格式规则

（2）如图 7-13 所示，选中生物、地理、历史、政治成绩单元格 G2:J2，在"开始"选项卡下的"样式"栏选择"条件格式"→"突出显示单元格规则"→"其他规则"，在"新建格式规则"对话框中设置"单元格值"→"大于"→"95"，再通过"格式"设置字体颜色，最后单击"确定"。结果如图 7-14 所示。

图 7-13　条件格式设置

7.2.3　SUM、AVERAGE 函数使用

利用 SUM 和 AVERAGE 函数计算每一个学生的总分及平均成绩。

操作步骤如下：

（1）如图 7-15 所示，选中 K2 单元格，插入函数，填写 SUM 函数参数 Number1："D2:J2"，参数指定了求和范围为 D2~J2 单元格，结果如图 7-16 所示。

语文	数学	英语	生物	地理	历史	政治
91.50	89.00	94.00	92.00	91.00	86.00	86.00
93.00	99.00	92.00	86.00	86.00	73.00	92.00
102.00	116.00	113.00	78.00	88.00	86.00	73.00
99.00	98.00	101.00	95.00	91.00	95.00	78.00
101.00	94.00	99.00	90.00	87.00	95.00	93.00
100.50	103.00	104.00	88.00	89.00	78.00	90.00
78.00	95.00	94.00	82.00	90.00	93.00	84.00
95.50	92.00	96.00	84.00	95.00	91.00	92.00
93.50	107.00	96.00	100.00	93.00	92.00	93.00
95.00	97.00	102.00	93.00	95.00	92.00	88.00
95.00	85.00	99.00	98.00	92.00	92.00	88.00
88.00	98.00	101.00	89.00	73.00	95.00	91.00
86.00	107.00	89.00	88.00	92.00	88.00	89.00
103.50	105.00	105.00	93.00	93.00	90.00	86.00
110.00	95.00	98.00	99.00	93.00	93.00	92.00
84.00	100.00	97.00	87.00	78.00	89.00	93.00
97.50	106.00	108.00	98.00	99.00	99.00	96.00
90.00	111.00	116.00	72.00	95.00	93.00	95.00

图 7-14　结果图

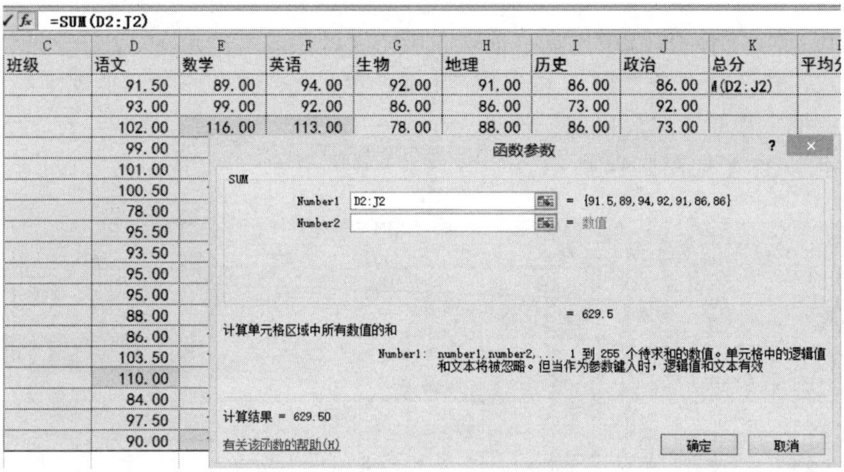

图 7-15　SUM 函数

语文	数学	英语	生物	地理	历史	政治	总分
91.50	89.00	94.00	92.00	91.00	86.00	86.00	629.50
93.00	99.00	92.00	86.00	86.00	73.00	92.00	621.00
102.00	116.00	113.00	78.00	88.00	86.00	73.00	656.00
99.00	98.00	101.00	95.00	91.00	95.00	78.00	657.00
101.00	94.00	99.00	90.00	87.00	95.00	93.00	659.00
100.50	103.00	104.00	88.00	89.00	78.00	90.00	652.50
78.00	95.00	94.00	82.00	90.00	93.00	84.00	616.00
95.50	92.00	96.00	84.00	95.00	91.00	92.00	645.50
93.50	107.00	96.00	100.00	93.00	92.00	93.00	674.50
95.00	97.00	102.00	93.00	95.00	92.00	88.00	662.00
95.00	85.00	99.00	98.00	92.00	92.00	88.00	649.00
88.00	98.00	101.00	89.00	73.00	95.00	91.00	635.00
86.00	107.00	89.00	88.00	92.00	88.00	89.00	639.00
103.50	105.00	105.00	93.00	93.00	90.00	86.00	675.50
110.00	95.00	98.00	99.00	93.00	93.00	92.00	680.00
84.00	100.00	97.00	87.00	78.00	89.00	93.00	628.00
97.50	106.00	108.00	98.00	99.00	99.00	96.00	703.50
90.00	111.00	116.00	72.00	95.00	93.00	95.00	672.00

图 7-16　结果图

（2）如图 7-17 所示，选中 L2 单元格，插入函数，填写 AVERAGE 函数参数 Number1："D2:J2"，参数指定了求平均数范围为 D2~J2 单元格，结果如图 7-18 所示。

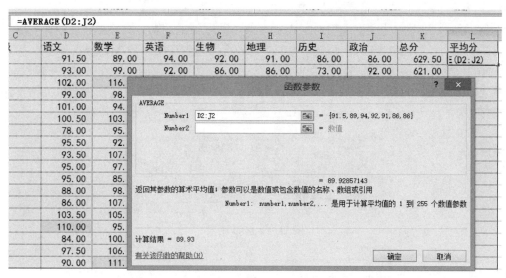

图 7-17 AVERAGE 函数

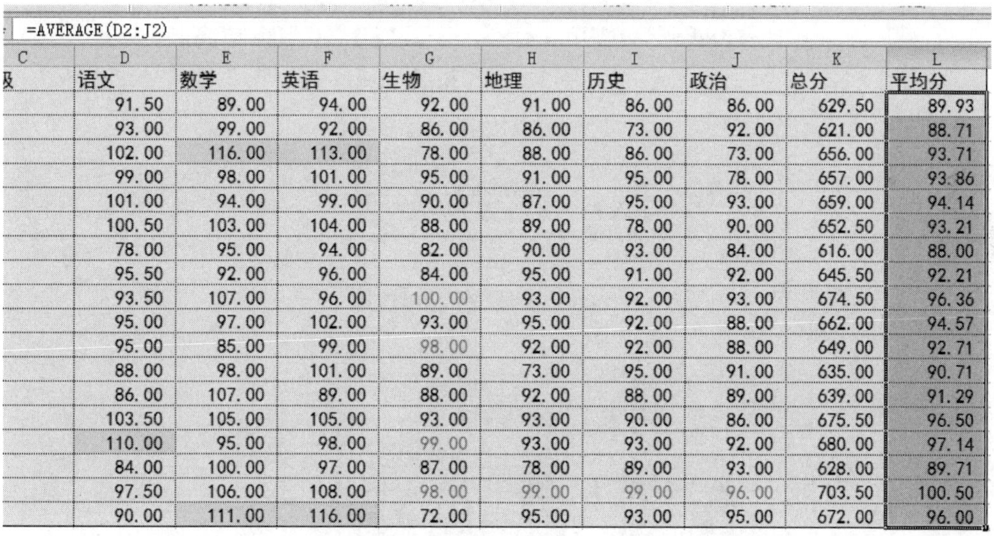

图 7-18 结果图

7.2.4 MID 函数使用

学号第 4 位代表学生所在的班级，例如："120105"代表 12 级 1 班 5 号。通过函数提取每个学生所在的班级并按下列对应关系填写在"班级"列。

MID 函数返回文本字符串中从指定位置开始的特定数目的字符，该数目由用户指定。

语法：MID(text, start_num, num_chars)

MID 函数语法具有下列参数：

Text　必需。包含要提取字符的文本字符串。

Start_num　必需。文本中要提取的第一个字符的位置。文本中第一个字符的 start_num 为 1，依此类推。

Num_chars　必需。指定希望 MID 从文本中返回字符的个数。

操作步骤为：如图 7-19 所示，选中 C2 单元格直接写入调用函数 MID(A2, 4, 1)，可以看到在图 7-20 中 C2 单元格的值为 3，但缺少“班”，在图 7-21 中，使用连接符“&”将函数与字符串“班”连接起来，得到结果“3 班”，再使用下拉公式复制方式填充该列剩余单元格，结果如图 7-22 所示。

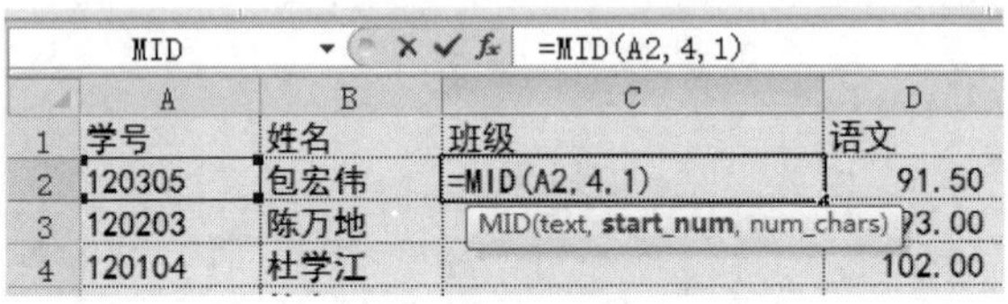
MID　=MID(A2, 4, 1)

	A	B	C	D
1	学号	姓名	班级	语文
2	120305	包宏伟	=MID(A2, 4, 1)	91.50
3	120203	陈万地	MID(text, start_num, num_chars)	93.00
4	120104	杜学江		102.00

图 7-19　MID 函数

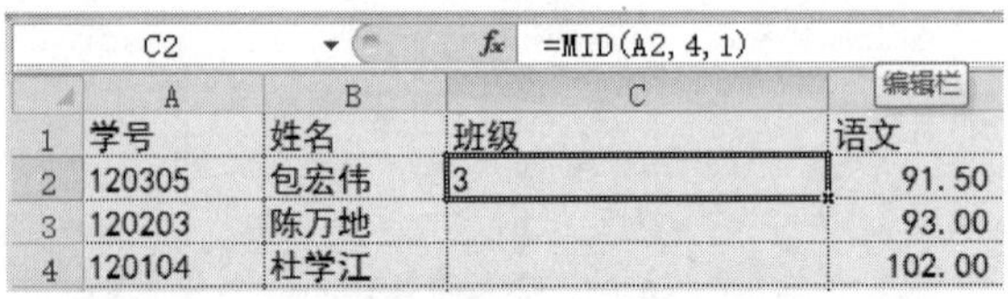
C2　=MID(A2, 4, 1)

	A	B	C	D
1	学号	姓名	班级	语文
2	120305	包宏伟	3	91.50
3	120203	陈万地		93.00
4	120104	杜学江		102.00

图 7-20　结果图

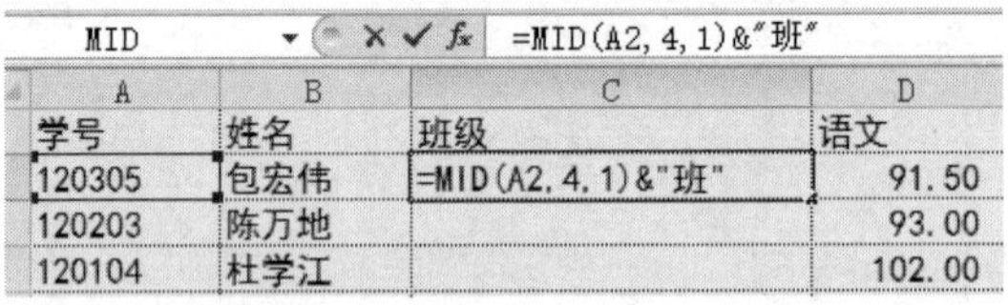
MID　=MID(A2, 4, 1)&"班"

A	B	C	D
学号	姓名	班级	语文
120305	包宏伟	=MID(A2, 4, 1)&"班"	91.50
120203	陈万地		93.00
120104	杜学江		102.00

图 7-21　函数与字符串连接

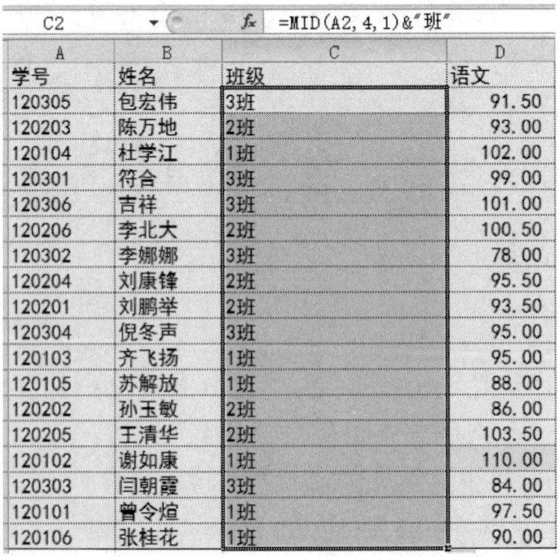
C2　=MID(A2, 4, 1)&"班"

A	B	C	D
学号	姓名	班级	语文
120305	包宏伟	3班	91.50
120203	陈万地	2班	93.00
120104	杜学江	1班	102.00
120301	符合	3班	99.00
120306	吉祥	3班	101.00
120206	李北大	2班	100.50
120302	李娜娜	3班	78.00
120204	刘康锋	2班	95.50
120201	刘鹏举	2班	93.50
120304	倪冬声	3班	95.00
120103	齐飞扬	1班	95.00
120105	苏解放	1班	88.00
120202	孙玉敏	2班	86.00
120205	王清华	2班	103.50
120102	谢如康	1班	110.00
120303	闫朝霞	3班	84.00
120101	曾令煊	1班	97.50
120106	张桂花	1班	90.00

图 7-22　结果图

7.2.5 复制工作表

复制工作表"第一学期期末成绩",将副本放置到原表之后,改变该副本表标签的颜色,并重新命名,新表名需包含"分类汇总"字样。

操作步骤如下:

(1)在标签"第一学期期末成绩"上单击右键,弹出如图 7-23 所示的菜单,选择"移动或复制"项。

图 7-23 移动或复制工作表

(2)选择"Sheet2",勾选"建立副本",单击"确定",完成"第一学期期末成绩"工作表的复制,如图 7-24 和图 7-25 所示。

图 7-24 "移动或复制工作表"对话框

(3)如图 7-26 所示改变标签颜色,如图 7-27 所示重命名标签。

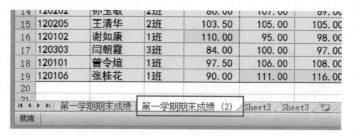

图 7-25　结果图

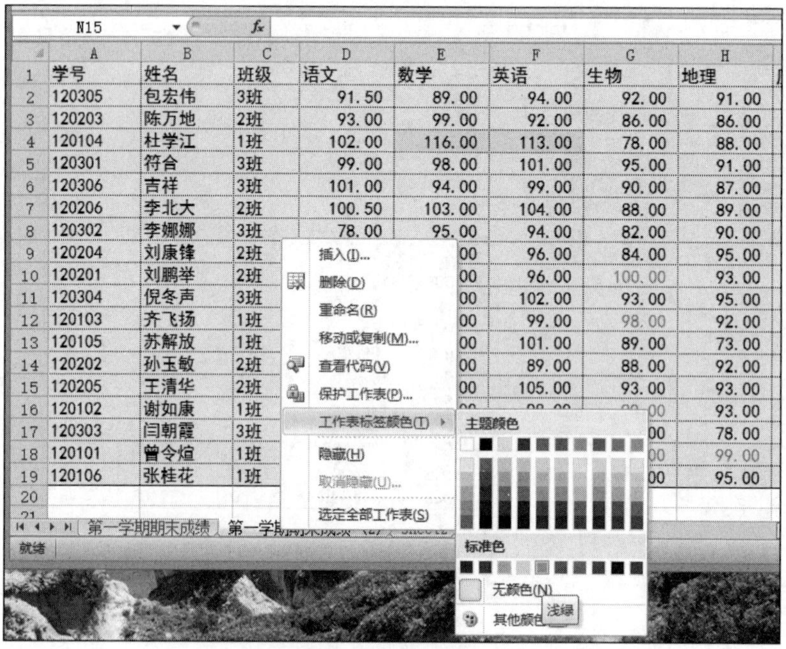

图 7-26　改变标签颜色

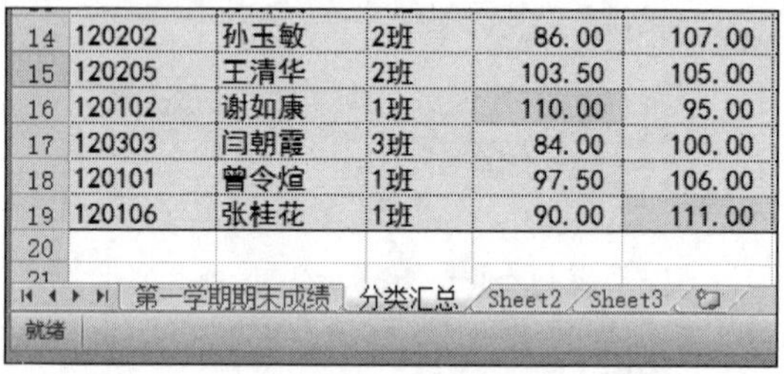

图 7-27　重命名标签

7.2.6　数据排序

对所有数据按班级进行升序排列。

操作步骤如下：

（1）选择所有内容单元格，对班级进行排序，在"开始"选项卡下的"编辑"一栏中选择"排序和筛选"→"自定义排序"，如图 7-28 所示。

图 7-28 自定义排序

（2）在自定义排序对话框中，列主要关键字选择"班级"，排序依据选择"数值"，次序选择"升序"，如图 7-29 所示，单击"确定"。可以看到在图 7-30 中，班级一列已按升序排列。

图 7-29 "排序"对话框

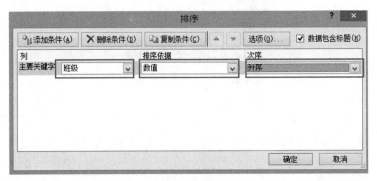

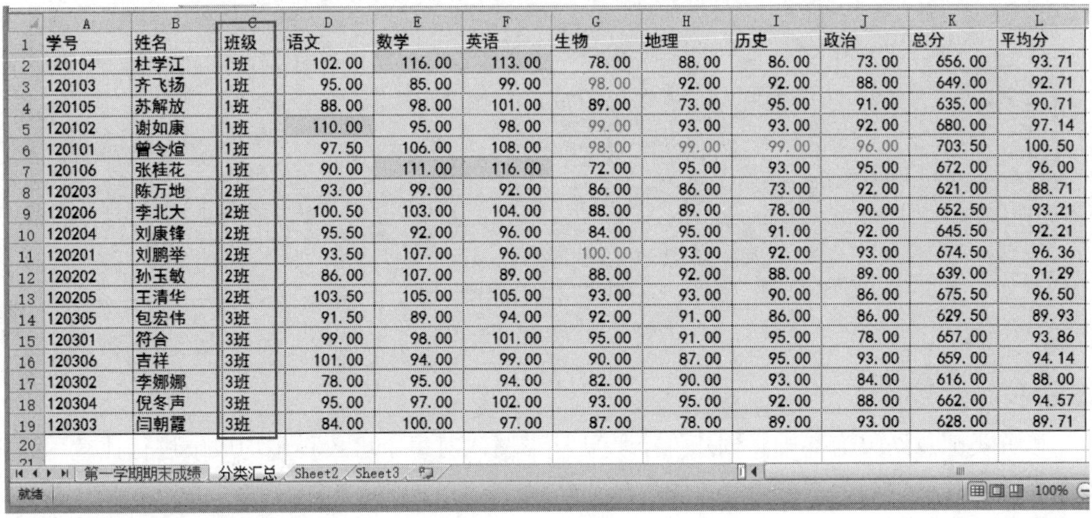

图 7-30 结果图

7.2.7 分类汇总

通过分类汇总功能求出每个班各科的平均成绩，并将每组结果分页显示。

操作步骤为：选择"数据"选项卡→"分级显示"功能组→"分类汇总"按钮，弹出如图 7-31 所示对话框，其中分类字段选择"班级"，汇总方式选择"平均值"，选定汇总项勾选"语文""数学""英语""生物""地理""历史""政治"，勾选"每组数据分页"，单击"确定"。每个班各科的平均成绩分类汇总结果如图 7-32 所示。

图 7-31 "分类汇总"对话框

	A	B	C	D	E	F	G	H	I	J	K	L
1	学号	姓名	班级	语文	数学	英语	生物	地理	历史	政治	总分	平均分
2	120104	杜学江	1班	102.00	116.00	113.00	78.00	88.00	86.00	73.00	656.00	93.71
3	120103	齐飞扬	1班	95.00	85.00	99.00	98.00	92.00	92.00	88.00	649.00	92.71
4	120105	苏解放	1班	88.00	98.00	101.00	89.00	73.00	95.00	91.00	635.00	90.71
5	120102	谢如康	1班	110.00	95.00	98.00	99.00	93.00	93.00	92.00	680.00	97.14
6	120101	曾令煊	1班	97.50	106.00	108.00	98.00	99.00	99.00	96.00	703.50	100.50
7	120106	张桂花	1班	90.00	111.00	116.00	72.00	95.00	93.00	95.00	672.00	96.00
8			1班 平均值	97.08	101.83	105.83	89.00	90.00	93.00	89.17		
9	120203	陈万地	2班	93.00	99.00	92.00	86.00	86.00	73.00	92.00	621.00	88.71
10	120206	李北大	2班	100.00	103.00	104.00	88.00	89.00	78.00	90.00	652.50	93.21
11	120204	刘康锋	2班	95.50	92.00	96.00	84.00	95.00	91.00	92.00	645.50	92.21
12	120201	刘鹏举	2班	93.50	107.00	96.00	100.00	93.00	92.00	93.00	674.50	96.36
13	120202	孙玉敏	2班	86.00	107.00	89.00	88.00	92.00	88.00	89.00	639.00	91.29
14	120205	王清华	2班	103.50	105.00	105.00	93.00	93.00	90.00	86.00	675.50	96.50
15			2班 平均值	95.33	102.17	97.00	89.83	91.33	85.33	90.33		
16	120305	包宏伟	3班	91.50	89.00	94.00	92.00	91.00	86.00	86.00	629.50	89.93
17	120301	符合	3班	99.00	98.00	101.00	95.00	95.00	91.00	78.00	657.00	93.86
18	120306	吉祥	3班	101.00	94.00	99.00	90.00	87.00	95.00	93.00	659.00	94.14
19	120302	李娜娜	3班	78.00	95.00	94.00	92.00	90.00	93.00	84.00	616.00	88.00
20	120304	倪冬声	3班	95.00	97.00	102.00	93.00	95.00	92.00	88.00	662.00	94.57
21	120303	闫朝霞	3班	84.00	100.00	97.00	87.00	78.00	89.00	93.00	628.00	89.71
22			3班 平均值	91.42	95.50	97.83	89.83	88.67	91.67	87.00		
23			总计平均值	94.61	99.83	100.22	89.56	90.00	90.00	88.83		

图 7-32 结果图

7.2.8 图表制作

以分类汇总结果为基础，创建一个簇状柱形图，对每个班各科平均成绩进行比较，并将该图表放置在一个名为"柱状分析图"新工作表中。

操作步骤如下：

（1）单击图 7-33 左侧 ⊟ 按钮，只显示"每个班各科平均成绩"。

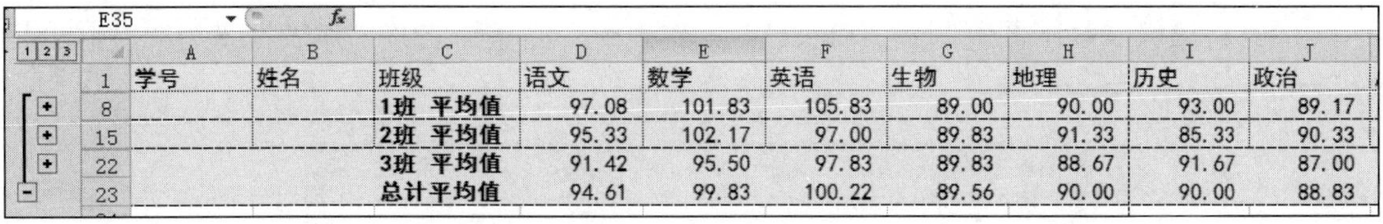

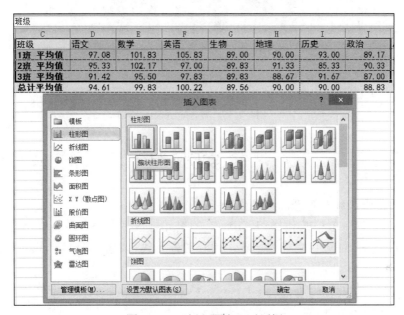

图 7-33　各班平均成绩

（2）如图 7-34 所示，选中每个班各科平均成绩，选择"插入"选项卡→"图表"按钮→"柱形图"→"簇状柱形图"，单击"确定"按钮。如图 7-35 所示，在数据下方生成了一个簇状柱形图。

图 7-34　"插入图表"对话框

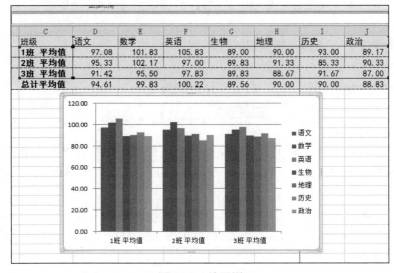

图 7-35　结果图

（3）将该簇状柱形图复制到"Sheet2"工作表中，并重命名该工作表标签为"柱状分析图"，如图 7-36 所示。

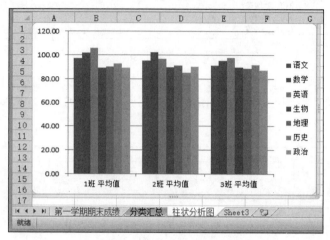

图 7-36　复制柱形图

7.3　实例小结

本章通过对学生成绩的管理，涉及到以下几个方面：

（1）数据列表的一般格式化操作。Excel 的单元格数字有很多种格式供选择使用，如文本、数值、日期、百分比、自定义等格式，同时对齐方式、边框、底纹的设置使得 Excel 表格更美观更专业。

（2）条件格式功能的应用。根据条件可以改变单元格及其内容的格式，常用于条件特殊标记。

（3）分类汇总。分类汇总是 Excel 常用的汇总功能，Excel 进行分类汇总前务必对分类的字段进行排序，然后再分类汇总；分类汇总过程中，务必弄清楚分类的字段及汇总的方式、汇总的字段等相关内容。

通过本章的学习，可以逐步感受到 Excel 的强大功能。

7.4　拓展练习

1．员工工资表编制。

小李是东方公司的会计，利用自己所学的办公软件进行记账管理，为节省时间，同时又确保记账的准确性，她使用 Excel 编制了"2014 年 3 月员工工资表.xlsx"。完成样本如图 7-37 所示。

请根据下列要求帮助小李对该工资表进行整理和分析：

（1）通过合并单元格，将表名"东方公司 2014 年 3 月员工工资表"放于整个表的上端、居中，并调整字体、字号。

（2）在"序号"列中分别填入 1 到 15，将其数据格式设置为数值、保留 0 位小数、居中。

	C	D	E	F	G	H	I	J	K	L	M
1	东方公司2014年3月员工工资表										
2	姓名	部门	基础工资	奖金	补贴	扣除病事假	应付工资合计	扣除社保	应纳税所得额	应交个人所得税	实发工资
3	包宏伟	管理	40,600.00	500.00	260.00	230.00	41,130.00	460.00	37,170.00	8,396.00	32,274.00
4	陈万地	管理	3,500.00		260.00	352.00	3,408.00	309.00	-	-	3,099.00
5	张惠	行政	12,450.00	500.00	260.00		13,210.00	289.00	9,421.00	1,350.25	11,570.75
6	闫朝霞	人事	6,050.00		260.00	130.00	6,180.00	360.00	2,320.00	127.00	5,693.00
7	吉祥	研发	6,150.00		260.00		6,410.00	289.00	2,621.00	157.10	5,963.90
8	李燕	管理	6,350.00	500.00	260.00		7,110.00	289.00	3,321.00	227.10	6,593.90
9	李娜娜	管理	10,550.00		260.00		10,810.00	206.00	7,104.00	865.80	9,738.20
10	刘康锋	研发	15,550.00	500.00	260.00	155.00	16,155.00	308.00	12,347.00	2,081.75	13,765.25
11	刘鹏举	销售	4,100.00		260.00		4,360.00	289.00	571.00	17.13	4,053.87
12	倪冬声	研发	5,800.00		260.00	25.00	6,035.00	289.00	2,246.00	119.60	5,626.40
13	齐飞扬	销售	5,050.00		260.00		5,310.00	289.00	1,521.00	47.10	4,973.90
14	苏解放	研发	3,000.00		260.00		3,260.00	289.00	-	-	2,971.00
15	孙玉敏	管理	12,450.00	500.00	260.00		13,210.00	289.00	9,421.00	1,350.25	11,570.75
16	王清华	行政	4,850.00		260.00		5,110.00	289.00	1,321.00	39.63	4,781.37
17	谢如康	管理	9,800.00		260.00		10,060.00	309.00	6,251.00	695.20	9,055.80
18											

2014年3月　分类汇总　Sheet2　Sheet3

就绪　100%

（a）

	C	D	E	F	G	H	I	J	K	L	M
1	东方公司2014年3月员工工资表										
2	姓名	部门	基础工资	奖金	补贴	扣除病事假	应付工资合计	扣除社保	应纳税所得额	应交个人所得税	实发工资
3	包宏伟	管理	40,600.00	500.00	260.00	230.00	41,130.00	460.00	37,170.00	8,396.00	32,274.00
4	陈万地	管理	3,500.00		260.00	352.00	3,408.00	309.00	-	-	3,099.00
5	李燕	管理	6,350.00	500.00	260.00		7,110.00	289.00	3,321.00	227.10	6,593.90
6	李娜娜	管理	10,550.00		260.00		10,810.00	206.00	7,104.00	865.80	9,738.20
7	孙玉敏	管理	12,450.00	500.00	260.00		13,210.00	289.00	9,421.00	1,350.25	11,570.75
8	谢如康	管理	9,800.00		260.00		10,060.00	309.00	6,251.00	695.20	9,055.80
9	**管理 汇总**						85,728.00				72,331.65
10	张惠	行政	12,450.00	500.00	260.00		13,210.00	289.00	9,421.00	1,350.25	11,570.75
11	王清华	行政	4,850.00		260.00		5,110.00	289.00	1,321.00	39.63	4,781.37
12	**行政 汇总**						18,320.00				16,352.12
13	闫朝霞	人事	6,050.00		260.00	130.00	6,180.00	360.00	2,320.00	127.00	5,693.00
14	**人事 汇总**						6,180.00				5,693.00
15	刘鹏举	销售	4,100.00		260.00		4,360.00	289.00	571.00	17.13	4,053.87
16	齐飞扬	销售	5,050.00		260.00		5,310.00	289.00	1,521.00	47.10	4,973.90
17	**销售 汇总**						9,670.00				9,027.77
18	吉祥	研发	6,150.00		260.00		6,410.00	289.00	2,621.00	157.10	5,963.90
19	刘康锋	研发	15,550.00	500.00	260.00	155.00	16,155.00	308.00	12,347.00	2,081.75	13,765.25
20	倪冬声	研发	5,800.00		260.00	25.00	6,035.00	289.00	2,246.00	119.60	5,626.40
21	苏解放	研发	3,000.00		260.00		3,260.00	289.00	-	-	2,971.00
22	**研发 汇总**						31,860.00				28,326.55
23		**总计**					151,758.00				131,731.09

2014年3月　分类汇总　Sheet2　Sheet3

就绪　100%

（b）

图 7-37　员工工资表

（3）将“基础工资”（含）往右各列设置为会计专用格式、保留 2 位小数、无货币符号。

（4）调整表格各列宽度、对齐方式，使得表格显示更加美观。并设置纸张大小为 A4、横向，整个工作表需调整在 1 个打印页内。

（5）参考考生文件夹下的“工资薪金所得税率.xlsx”，利用 IF 函数计算“应交个人所得税”列。（提示：应交个人所得税=应纳税所得额*对应税率-对应速算扣除数）

（6）利用公式计算“实发工资”列，公式为：实发工资=应付工资合计-扣除社保-应交个人所得税。

（7）复制工作表“2014 年 3 月”，将副本放置到原表的右侧，并命名为“分类汇总”。

（8）在“分类汇总”工作表中通过分类汇总功能求出各部门“应付工资合计”“实发工资”的值，每组数据不分页。

2．SUV 销量统计管理。

小王是汽车销售市场部员工，使用 Excel 对 2013 年中国各品牌 SUV 进行统计分析、分类汇总，完成样本如图 7-38 所示。

(a)

	A	B	C	D	E	F	G
1	2013年11月中国SUV销量统计						
2	车型	所属厂商	所属品牌	11月销量	单价(万元)	销售额(万元)	排名
3	三菱新劲炫	广汽三菱	三菱	4218	22.24	93808.32	13
4	哈弗H6	长城汽车	哈弗	23026	12.46	286903.96	5
5	丰田汉兰达	广汽丰田	丰田	9921	32.67	324119.07	3
6	丰田RAV4	一汽丰田	丰田	18592	34.56	642539.52	1
7	丰田普拉多	一汽丰田	丰田	2004	30.56	61242.24	16
8	长城M2	长城汽车	长城	710	7.89	5601.90	22
9	日产逍客	东风日产	日产	13040	18.88	246195.20	7
10	起亚狮跑	东风悦达起亚	起亚	4227	19.68	83187.36	14
11	奇瑞瑞虎	奇瑞汽车	奇瑞	4178	13.28	55483.84	17
12	长城M4	长城汽车	长城	11600	6.86	79576.00	15
13	现代ix35	北京现代	现代	14348	22.37	320964.76	4
14	奥迪Q3	一汽大众	奥迪	2727	40.89	111507.03	11

(a)

(b)

	A	B	C	D	E	F	G
1	2013年11月中国SUV销量统计						
2	车型	所属厂商	所属品牌	11月销量	单价(万元)	销售额(万元)	排名
3	奥迪Q3	一汽大众	奥迪	2727	40.89	111507.03	18
4	奥迪Q5	一汽大众	奥迪	8388	42.79	358922.52	2
5			奥迪 平均值			235214.78	
6	丰田汉兰达	广汽丰田	丰田	9921	32.67	324119.07	4
7	丰田RAV4	一汽丰田	丰田	18592	34.56	642539.52	1
8	丰田普拉多	一汽丰田	丰田	2004	30.56	61242.24	23
9			丰田 平均值			342633.61	
10	福特翼虎	长安福特	福特	10426	25.30	263777.80	7
11	福特翼搏	长安福特	福特	7703	26.42	203513.26	11
12			福特 平均值			233645.53	
13	哈弗H6	长城汽车	哈弗	23026	12.46	286903.96	6
14	哈弗H5	长城汽车	哈弗	4124	13.14	54189.36	26
15			哈弗 平均值			170546.66	
16	奇瑞瑞虎	奇瑞汽车	奇瑞	4178	13.28	55483.84	25
17	奇瑞X1	奇瑞汽车	奇瑞	2643	11.21	29628.03	29
18			奇瑞 平均值			42555.94	

(b)

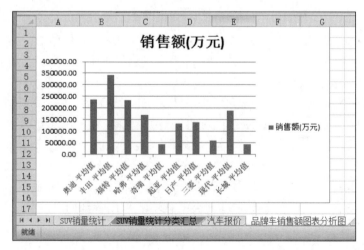

(c)

图 7-38　SUV 销量统计

请根据下列要求对该 SUV 销量表进行整理和汇总：

（1）请对"SUV 销量统计"工作表进行格式调整（除标题外）：调整工作表中数据区域，适当调整其字体、加大字号，适当加大数据表行高和列宽，设置对齐方式，增加适当的边框和底纹以使工作表更加美观。

（2）在"SUV 销量统计"工作表的"单价（万元）"列中，设置"单价（万元）"列单元格格式，使其为数值型、保留 2 位小数。根据车型，使用 VLOOKUP 函数完成"单价（万元）"的自动填充。"单价（万元）"和"车型"的对应关系在"汽车报价"工作表中。

（3）在"SUV 销量统计"工作表的"销售额（万元）"列中，计算 11 月份每种车型的"销售额（万元）"列的值，结果保留 2 位小数（数值型）。

（4）利用 RANK 函数，计算销售额"排名"列的内容。

（5）复制工作表"SUV 销量统计"，将副本放置到原表之后；改变该副本表标签颜色，并重命名，新表名需包含"分类汇总"字样。

（6）通过分类汇总功能求出每种品牌车的月平均销售额，并将每组结果分页显示。

（7）以分类汇总结果为基础，创建一个簇状柱形图，对各种品牌车月平均销售额进行比较，并将该图表放置在一个名为"品牌车销售额图表分析图"的新工作表中，该表置于"汽车报价"表之后。

第8章　全国人口普查数据分析

学习目标

- 掌握外部网页数据导入
- 掌握套用表格样式
- 掌握数据透视表使用

8.1　实例简介

中国的人口发展形势非常严峻，为此国家统计局每10年进行一次全国人口普查，以掌握全国人口的增长速度及规模。按照下列要求完成对第五次、第六次人口普查数据的统计分析。

（1）新建一个空白 Excel 文档，将工作表 sheet1 更名为"第五次普查数据"，将 sheet2 更名为"第六次普查数据"，将该文档以"全国人口普查数据分析.xlsx"为文件名进行保存。

（2）浏览网页"第五次全国人口普查公报.htm"，将其中的"2000年第五次全国人口普查主要数据"表格导入到工作表"第五次普查数据"中；浏览网页"第六次全国人口普查公报.htm"，将其中的"2010年第六次全国人口普查主要数据"表格导入到工作表"第六次普查数据"中（要求均从 A1 单元格开始导入，不得对两个工作表中的数据进行排序）。

（3）对两个工作表中的数据区域套用合适的表格样式，要求至少四周有边框、且偶数行有底纹，并将所有人口数列的数字格式设为带千分位分隔符的整数。

（4）将两个工作表内容合并，合并后的工作表放置在新工作表"比较数据"中（自 A1 单元格开始），且保持最左列仍为地区名称、A1 单元格中的列标题为"地区"，对合并后的工作表适当的调整行高列宽、字体字号、边框底纹等，使其便于阅读。以"地区"为关键字对工作表"比较数据"进行升序排列。

（5）在合并后的工作表"比较数据"中的数据区域最右边依次增加"人口增长数"和"比重变化"两列，计算这两列的值，并设置合适的格式。其中：人口增长数=2010年人口数-2000年人口数。

（6）基于工作表"比较数据"创建一个数据透视表，将其单独存放在一个名为"透视分析"的工作表中。透视表中要求筛选出 2010年人口数超过 5000 万的地区及其人口数、2010年所占比重、人口增长数，并按人口数从多到少排序。最后适当调整透视表中的数字格式。（提示：行标签为"地区"，数值项依次为 2010年人口数、2010年比重、人口增长数）。

8.2　实例制作

针对实例简介中的要求，主要按以下步骤来完成：

（1）新建 Excel 文档。

（2）导入外部网页数据。
（3）套用表格样式。
（4）合并工作表内容。
（5）创建数据透视表。

8.2.1 外部数据导入

浏览网页"第五次全国人口普查公报.htm"，将其中的"2000年第五次全国人口普查主要数据"表格导入到工作表"第五次普查数据"中；浏览网页"第六次全国人口普查公报.htm"，将其中的"2010年第六次全国人口普查主要数据"表格导入到工作表"第六次普查数据"中（要求均从A1单元格开始导入，不得对两个工作表中的数据进行排序）。

操作步骤如下：

（1）新建一个空白Excel文档，将工作表sheet1更名为"第五次普查数据"，将sheet2更名为"第六次普查数据"，将该文档以"全国人口普查数据分析.xlsx"为文件名进行保存。

（2）用浏览器打开网页"第五次全国人口普查公报.htm"，选中"第五次普查数据"工作表A1单元格，选择"数据"→"获取外部数据"→"自网站"，弹出如图8-1所示对话框，在"地址"一栏中填写网页的地址，单击"转到"，找到表格，单击表格左上部的小图标，变为图片，再单击"导入"按钮，确定数据放置位置如图8-2所示，数据导入结果如图8-3所示。同样的方法导入"第六次全国人口普查公报"，这里就不再赘述。

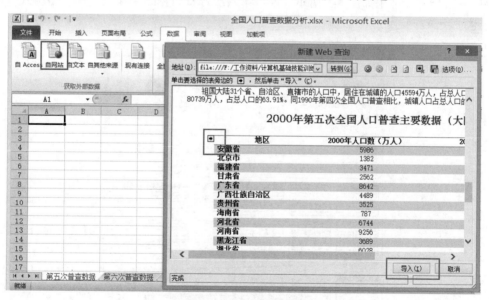

图8-1　新建Web查询

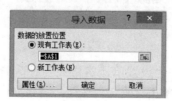

图8-2　"导入数据"对话框

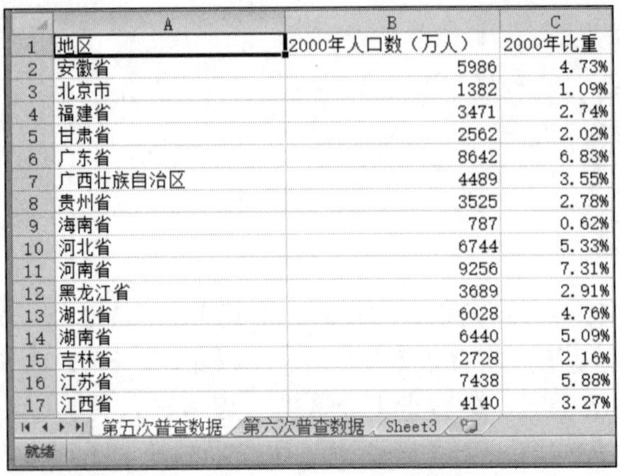

图 8-3　导入结果

8.2.2　套用表格样式

对两个工作表中的数据区域套用合适的表格样式，要求至少四周有边框、且偶数行有底纹，并将所有人口数列的数字格式设为带千分位分隔符的整数。

操作步骤如下：

（1）选择"开始"→"套用表格格式"，如图 8-4 所示，选择一个四周有边框、且偶数行有底纹的表格样式，结果如图 8-5 所示。给"第六次普查数据"工作表套用表格格式，这里就不再赘述。

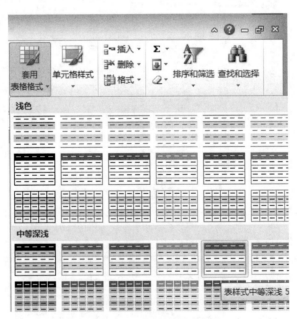

图 8-4　套用表格格式

（2）选中"人口数"列，在"设置单元格格式"对话框中，如图 8-6 所示，"小数位数"填 0，勾选"使用千位分隔符"，单击"确定"按钮，结果如图 8-7 所示。同样的方法操作"第六次普查数据"工作表，这里就不再赘述。

	A	B	C
1	地区	2000年人口数（万人）	2000年比重
2	安徽省	5986	4.73%
3	北京市	1382	1.09%
4	福建省	3471	2.74%
5	甘肃省	2562	2.02%
6	广东省	8642	6.83%
7	广西壮族自治区	4489	3.55%
8	贵州省	3525	2.78%
9	海南省	787	0.62%
10	河北省	6744	5.33%
11	河南省	9256	7.31%
12	黑龙江省	3689	2.91%
13	湖北省	6028	4.76%
14	湖南省	6440	5.09%
15	吉林省	2728	2.16%
16	江苏省	7438	5.88%
17	江西省	4140	3.27%

图 8-5　套用格式结果

图 8-6　"设置单元格格式"对话框

	A	B	C
1	地区	2000年人口数（万人）	2000年比重
2	安徽省	5,986	4.73%
3	北京市	1,382	1.09%
4	福建省	3,471	2.74%
5	甘肃省	2,562	2.02%
6	广东省	8,642	6.83%
7	广西壮族自治区	4,489	3.55%
8	贵州省	3,525	2.78%
9	海南省	787	0.62%
10	河北省	6,744	5.33%
11	河南省	9,256	7.31%
12	黑龙江省	3,689	2.91%
13	湖北省	6,028	4.76%
14	湖南省	6,440	5.09%
15	吉林省	2,728	2.16%
16	江苏省	7,438	5.88%
17	江西省	4,140	3.27%

图 8-7　设置结果

8.2.3 合并工作表内容

将两个工作表内容合并，合并后的工作表放置在新工作表"比较数据"中（自A1单元格开始），且保持最左列仍为地区名称、A1单元格中的列标题为"地区"，对合并后的工作表适当的调整行高列宽、字体字号、边框底纹等，使其便于阅读。以"地区"为关键字对工作表"比较数据"进行升序排列。

操作步骤如下：

（1）将"Sheet3"重命名为"比较数据"，先将"第五次普查数据"复制粘贴到"比较数据"工作表中，如图 8-8 所示，在粘贴选项选择"值和数字格式"，结果如图 8-9 所示。

图 8-8　粘贴方式

图 8-9　结果图

（2）据题要求，第五、六次普查数据的合并以地区为关键字，所以这里需要用到 VLOOPUP 函数，根据"比较数据"中的地区值，到"第六次普查数据"表中提取对应的 2010 年人口数和 2010 年人口比重。VLOOKUP 函数的使用请参照第 6 章，这里不再赘述。合并结果如图 8-10 所示。

	A	B	C	D	E
1	地区	2000年人口数（万人）	2000年比重	2010年人口数（万人）	2010年比重
2	安徽省	5,986	4.73%	5,950	4.44%
3	北京市	1,382	1.09%	1,961	1.46%
4	福建省	3,471	2.74%	3,689	2.75%
5	甘肃省	2,562	2.02%	2,558	1.91%
6	广东省	8,642	6.83%	10,430	7.79%
7	广西壮族自	4,489	3.55%	4,603	3.44%
8	贵州省	3,525	2.78%	3,475	2.59%
9	海南省	787	0.62%	867	0.65%
10	河北省	6,744	5.33%	7,185	5.36%
11	河南省	9,256	7.31%	9,402	7.02%
12	黑龙江省	3,689	2.91%	3,831	2.86%
13	湖北省	6,028	4.76%	5,724	4.27%
14	湖南省	6,440	5.09%	6,568	4.90%
15	吉林省	2,728	2.16%	2,746	2.05%
16	江苏省	7,438	5.88%	7,866	5.87%
17	江西省	4,140	3.27%	4,457	3.33%

图 8-10　合并结果图

（3）对合并后的工作表适当的调整行高列宽、字体字号、边框底纹，结果如图 8-11 所示。

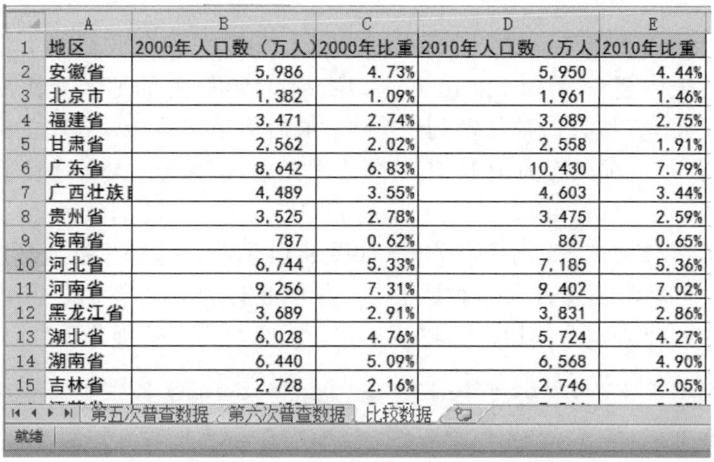

图 8-11　调整后的结果图

8.2.4　公式计算

在合并后的工作表"比较数据"中的数据区域最右边增加"人口增长数"一列，计算此列的值。其中：人口增长数=2010 年人口数-2000 年人口数。

操作步骤如下：

如图 8-12 所示，在 F2 单元格填写公式"=D2-B2"，填写完回车获得值即为人口增长数，再通过下拉复制公式方式填充剩余单元格，最终结果如图 8-13 所示。

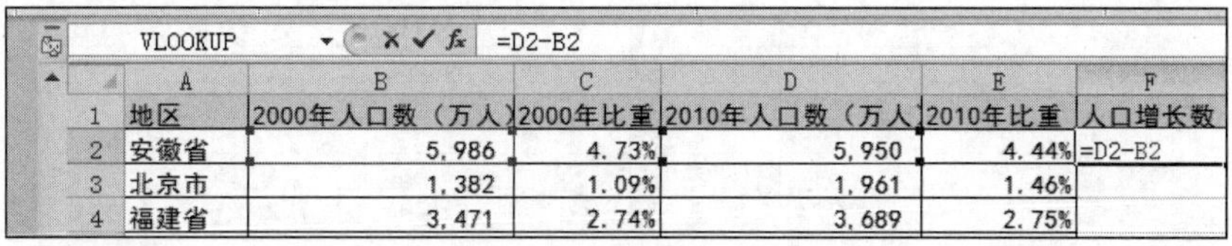

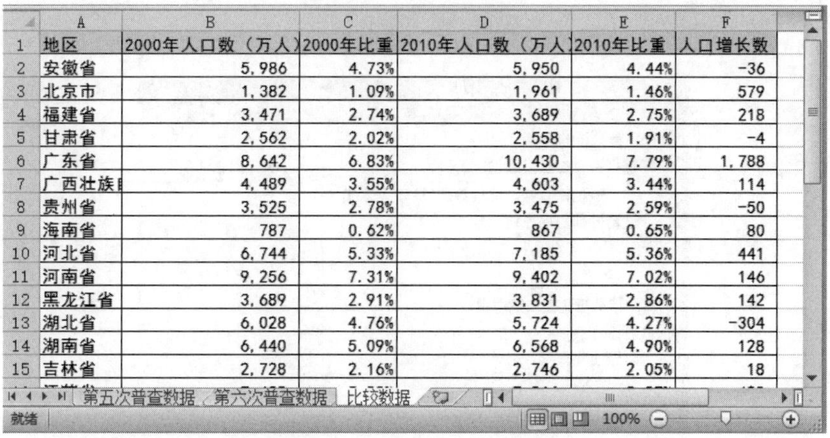

图 8-12　填写公式

图 8-13　计算人口增长数结果图

8.2.5 数据透视表与数据筛选

基于工作表"比较数据"创建一个数据透视表,将其单独存放在一个名为"透视分析"的工作表中。透视表中要求筛选出 2010 年人口数超过 5000 万的地区及其人口数、2010 年所占比重、人口增长数,并按人口数从多到少排序。最后适当调整透视表中的数字格式。(提示:行标签为"地区",数值项依次为 2010 年人口数、2010 年比重、人口增长数)。

操作步骤如下:

(1)选中"比较数据"表中所有数据,如图 8-14 所示,选择"插入"选项卡→"数据透视表"按钮,在"创建数据透视表"对话框中,如图 8-15 所示,核对"表/区域"的值是否正确,确认无误后单击"确定"按钮,并将新工作表重命名为"透视分析",如图 8-16 所示。

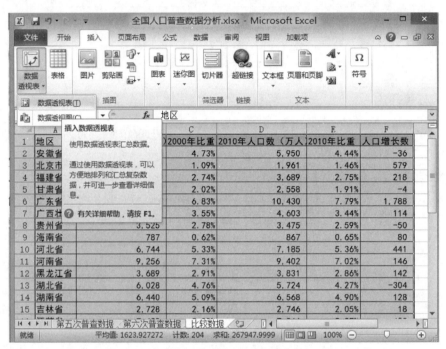

图 8-14　插入数据透视表

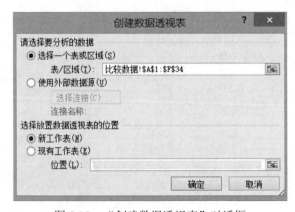

图 8-15　"创建数据透视表"对话框

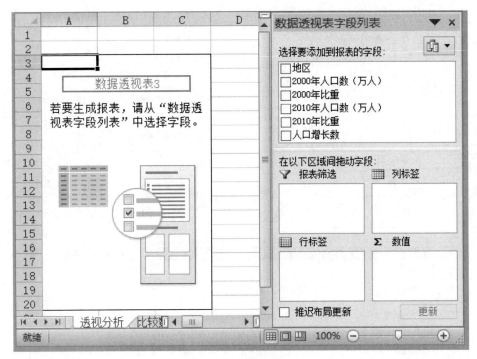

图 8-16 数据透视表

（2）在"选择要添加到报表的字段"中，将"地区"拖入"行标签"中，将"2010年人口数""2010年比重""人口增长数"拖入"数值"中，结果如图 8-17 所示。

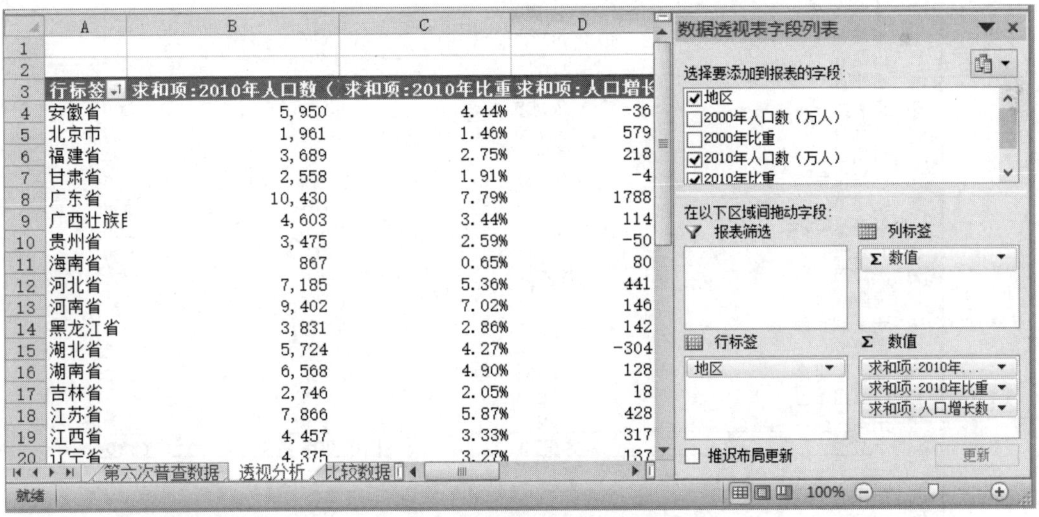

图 8-17 添加字段结果图

（3）按人口数从多到少排序，单击行标签右侧图标，如图 8-18 所示，选择"其他排序选项"，如图 8-19 所示，在"排序"对话框中选择"降序排序依据"为"求和项：2010年人口数（万人）"，单击"确定"按钮。结果如图 8-20 所示。

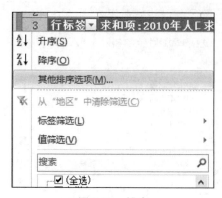
图 8-18 排序

图 8-19 "排序"对话框

行标签	求和项:2010年人口数（万人）	求和项:2010年比重	求和项:人口增长数
广东省	10,430	7.79%	1788
山东省	9,579	7.15%	500
河南省	9,402	7.02%	146
四川省	8,042	6.00%	-287
江苏省	7,866	5.87%	428
河北省	7,185	5.36%	441
湖南省	6,568	4.90%	128
安徽省	5,950	4.44%	-36
湖北省	5,724	4.27%	-304
浙江省	5,443	4.06%	766
广西壮族自	4,603	3.44%	114
云南省	4,597	3.43%	309
江西省	4,457	3.33%	317
辽宁省	4,375	3.27%	137
黑龙江省	3,831	2.86%	142
陕西省	3,733	2.79%	128
福建省	3,689	2.75%	218
山西省	3,571	2.67%	274
贵州省	3,475	2.59%	-50
重庆市	2,885	2.15%	-205
吉林省	2,746	2.05%	18
甘肃省	2,558	1.91%	-4
内蒙古自治	2,471	1.84%	95
上海市	2,302	1.72%	628
新疆维吾尔	2,181	1.63%	256
北京市	1,961	1.46%	579
天津市	1,294	0.97%	293
海南省	867	0.65%	80
宁夏回族自	630	0.47%	68
青海省	563	0.42%	45
难以确定常	465	0.35%	360
西藏自治区	300	0.22%	38
中国人民解	230	0.17%	-20
总计	133,973	100.00%	7390

图 8-20 排序结果

（4）透视表中筛选出 2010 年人口数超过 5000 万的地区及其人口数、2010 年所占比重、人口增长数。选择"值筛选"→"大于"，如图 8-21 所示，在"值筛选"对话框（如图 8-22 所示）中填写相关数据，单击"确定"按钮，最终筛选结果如图 8-23 所示。

图 8-21　值筛选

图 8-22　"值筛选"对话框

行标签	求和项:2010年人口数（万人）	求和项:2010年比重	求和项:人口增长数
广东省	10,430	7.79%	1788
山东省	9,579	7.15%	500
河南省	9,402	7.02%	146
四川省	8,042	6.00%	-287
江苏省	7,866	5.87%	428
河北省	7,185	5.36%	441
湖南省	6,568	4.90%	128
安徽省	5,950	4.44%	-36
湖北省	5,724	4.27%	-304
浙江省	5,443	4.06%	766
总计	76,189	56.86%	3570

图 8-23　筛选结果

8.3　实例小结

　　本章介绍了如何使用 Excel 导入网页数据，如何简单套用表格样式一次性美化表格数据，练习了 VLOOKUP 函数的使用，重点介绍了数据透视表的应用。上一章介绍的分类汇总适合在分类的字段少、汇总的方式不多的情况下进行；若分类的字段较多则需使用数据透视表进行汇总、筛选。使用数据透视表前，使用者务必清晰知道自己想要得到的汇总表格框架，根据框架的模式把相应的数据字段拉到合适的位置即可得到符合条件的数据透视表。

8.4 拓展练习

1. 计算机设备销量统计分析。

文涵是大地公司的销售部助理，负责对全公司的销售情况进行统计分析，并将结果提交给销售部经理。年底，她根据各门店提交的销售报表进行统计分析。完成样本如图 8-24 所示。

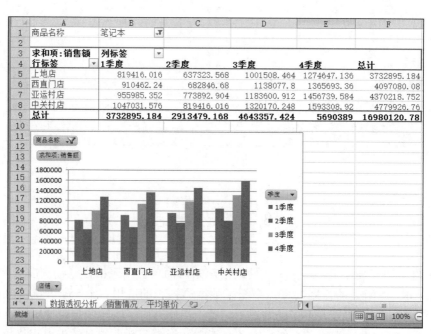

（a）

（b）

图 8-24　计算机设备销售统计

打开"计算机设备全年销量统计表.xlsx",帮助文涵完成以下操作:

(1)将"sheet1"工作表命名为"销售情况",将"sheet2"命名为"平均单价"。

(2)在"店铺"列左侧插入一个空列,输入列标题为"序号",并以001、002、003……的方式向下填充该列到最后一个数据行。

(3)将工作表标题跨列合并后居中并适当调整其字体、加大字号,并改变字体颜色。适当加大数据表行高和列宽,设置对齐方式及销售额数据列的数值格式(保留2位小数),并为数据区域增加边框线。

(4)将工作表"平均单价"中的区域 B3:C7 定义名称为"商品均价"。运用公式计算工作表"销售情况"中 F 列的销售额,要求在公式中通过 VLOOKUP 函数自动在工作表"平均单价"中查找相关商品的单价,并在公式中引用所定义的名称"商品均价"。

(5)为工作表"销售情况"中的销售数据创建一个数据透视表,放置在一个名为"数据透视分析"的新工作表中,要求针对各类商品比较各门店每个季度的销售额。其中商品名称为报表筛选字段,店铺为行标签,季度为列标签,并对销售额求和。最后对数据透视表进行格式设置,使其更加美观。

(6)根据生成的数据透视表,在透视表下方创建一个簇状柱形图,图表中仅对各门店四个季度笔记本的销售额进行比较。

2.产品季度销量统计分析。

某公司拟对其产品季度销售情况进行统计,完成样本如图 8-25 所示。

	A	B	C	D	E	F	G	H	I	J	K
1	产品类别代码	产品型号	一二季度销量	一二季度销售总额	销售额排名		求和项:一二季度销售总额	列标签			
2	A1	P-01	387	640098	4		行标签	A1	A2	B3	总计
3	A1	P-02	171	134406	14		P-01	640098			640098
4	A1	P-03	452	1963940	1		P-02	134406			134406
5	A1	P-04	364	780052	2		P-03	1963940			1963940
6	A1	P-05	259	219891	9		P-04	780052			780052
7	B3	T-01	216	133704	15		P-05	219891			219891
8	B3	T-02	204	121992	17		T-01			133704	133704
9	B3	T-03	147	136416	13		T-02			121992	121992
10	B3	T-04	224	172256	11		T-03			136416	136416
11	B3	T-05	310	55180	20		T-04			172256	172256
12	B3	T-06	210	304920	8		T-05			55180	55180
13	B3	T-07	341	213125	10		T-06			304920	304920
14	B3	T-08	195	738270	3		T-07			213125	213125
15	A2	U-01	367	335438	6		T-08			738270	738270
16	A2	U-02	257	310456	7		U-01		335438		335438
17	A2	U-03	192	167040	12		U-02		310456		310456
18	A2	U-04	321	112029	19		U-03		167040		167040
19	A2	U-05	350	115150	18		U-04		112029		112029
20	A2	U-06	260	127140	16		U-05		115150		115150
21	A2	U-07	362	464084	5		U-06		127140		127140
22							U-07		464084		464084
23							总计	3738387	1631337	1875863	7245587

图 8-25 季度销量统计分析

打开"产品季度销售情况统计.xlsx"文件,按以下要求操作:

(1)分别在"一季度销售情况表""二季度销售情况表"工作表内计算"一季度销售额"和"二季度销售额"列内容,均为数值型,保留小数点后0位。

(2)在"产品销售汇总图表"内计算"一二季度销售总量"和"一二季度销售总额"列内容,均为数值型,保留小数点后0位。在不改变原有数据顺序的情况下,按"一二季度销售总额"给出销售额排名。

(3)选择"产品销售汇总图表"内 A1:E21 单元格区域内容,建立数据透视表,行标签为产品型号,列标签为产品类别代码,求和计算一二季度销售额的总计,将表置于现工作表 G1 为起点的单元格区域内。

第三部分　PowerPoint 软件应用

第 9 章　演示文稿基本制作实例

学习目标

- 掌握演示文稿的创建、保存方法
- 掌握幻灯片增加与合并的方法
- 掌握幻灯片中文本的基本编辑与操作方法
- 掌握项目符号和编号的应用
- 掌握幻灯片版式和主题的使用
- 掌握演示文稿的图片、表格和 SmartArt 对象的插入与编辑方法
- 掌握超链接的创建方法
- 掌握动作按钮的添加方法
- 掌握幻灯片切换效果的设置
- 掌握演示文稿放映方式的设置
- 掌握演示文稿的打包和输出

9.1　演示文稿基本制作实例

PowerPoint 是 Microsoft 公司推出的 Office 办公软件中的组件之一，是一种操作简单、制作和演示幻灯片的软件，是当今世界最流行也是最简便的幻灯片制作和演示软件之一。它具有易用性、智能化和集成性等特点，给用户提供了快速便捷的工作方式。利用它可以很容易地制作出图文并茂、表现力和感染力极强的演示文稿，它广泛应用于课件、电子贺卡、产品演示、广告宣传、会议流程、销售简报等文稿的制作。下面以物理课件制作为例展示整个演示文稿的制作过程，效果图如图 9-1 所示。

图 9-1　"物理课件"演示文稿效果图

9.2 实例制作

某学校物理老师要求学生两人一组制作一份物理课件，张三制作完成的第一章后三节内容存放到演示文稿"第 3-5 节.pptx"，李四制作完成的前两节内容存放到演示文稿"第 1-2 节.pptx"中。根据已有的演示文稿，需要按下列要求完成课件的整合制作：

（1）新建演示文稿"物理课件.pptx"，为其新建两张幻灯片。第 1 张幻灯片版式为"标题幻灯片"，第 2 张幻灯片版式为"标题和内容"。按要求输入文字和设置文字格式。

（2）将演示文稿"第 1-2 节.pptx"和"第 3-5 节.pptx"中的所有幻灯片合并到演示文稿"物理课件.pptx"中，要求所有幻灯片保留原来的格式。以后的操作均在文档"物理课件.pptx"中进行。

（3）在第 3 张幻灯片后插入版式为"仅标题"的幻灯片，输入标题文字"物质的状态"。在标题下方制作一张射线列表式关系图，样例参考"关系图素材及样例.docx"，为该关系图添加适当的动画效果。

（4）在第 6 张幻灯片后插入一张版式为"标题和内容"的幻灯片，在该张幻灯片中插入与素材"蒸发和沸腾的异同点.docx"文档中所示相同的表格，并为该表格添加适当的动画效果。

（5）将第 3 张幻灯片中文字"物质的状态"和第 6 张幻灯片中文字"蒸发和沸腾"分别链接到第 4 张和第 7 张幻灯片。

（6）为幻灯片添加编号及页脚，页脚内容为"第一章　物态及其变化"。

（7）为幻灯片设置适当的主题。

（8）为幻灯片设置适当的切换方式，以丰富放映效果。

基本操作步骤为：

（1）素材的准备：主要是准备演示文稿中所需要的一些图片、表格等文件。

（2）创建和保存演示文稿。

（3）新建和重用幻灯片。

（4）字体与段落的设置（文本格式与项目编号）。

（5）插入表格、图片、SmartArt 和页脚。

（6）设置幻灯片超链接和动画效果。

（7）选择"设计主题"。

（8）设置适当的切换方式。

（9）设置放映的一些参数，然后播放查看效果，满意后正式输出播放。

9.2.1　新建演示文稿

以下两种操作方法可任选其中一种：

（1）启动 PowerPoint 2010 后会自动创建一个空白演示文稿，其默认文件名为"演示文稿 1"。

（2）单击"文件"选项卡→"新建"命令，单击窗格中的"空白演示文稿"，再单击右窗格的"创建"按钮，如图 9-2 所示。

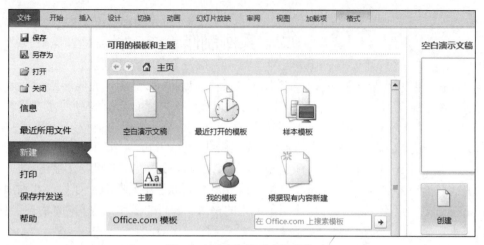

图 9-2 新建空演示文稿窗格

9.2.2 保存演示文稿

1. 保存文档

单击工具栏上的 ![按钮]按钮，也可以单击"文件"选项卡→"保存"或"另存为"命令，如图 9-3 所示，打开如图 9-4 所示的对话框，将演示文稿保存为"物理课件.pptx"。

图 9-3 文件保存选项

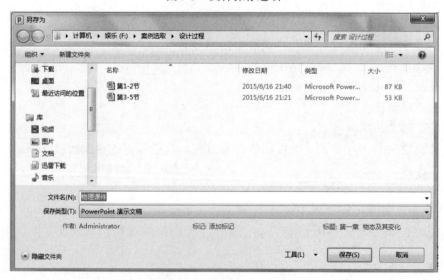

图 9-4 "另存为"对话框

2. 设置演示文稿的安全性

单击"文件"选项卡，在窗格中选择"保护演示文稿"按钮，在弹出的下拉列表中选择"用密码进行加密"，输入并确认密码，如图 9-5 所示。

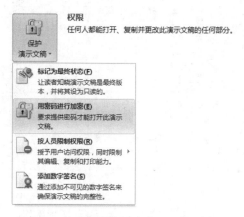

图 9-5 "保护演示文稿"下拉列表

9.2.3 新增幻灯片

新建演示文稿时，文稿中默认只有一张幻灯片，往往需要自行增加幻灯片。在此实例中，首先需要新建两张幻灯片，其次将演示文稿"第 1-2 节.pptx"和"第 3-5 节.pptx"中的所有幻灯片添加进来，最后还要分别在第 3 和第 6 张幻灯片后插入一张新的幻灯片。

下面分三步来完成：

（1）选择第 1 张幻灯片（该幻灯片在新建文件时系统自动添加），在"开始"选项卡下单击"新建幻灯片"按钮，选择板式为"标题和内容"，可在当前幻灯片的后面新建一张幻灯片，如图 9-6 和图 9-7 所示。

图 9-6 新建幻灯片按钮

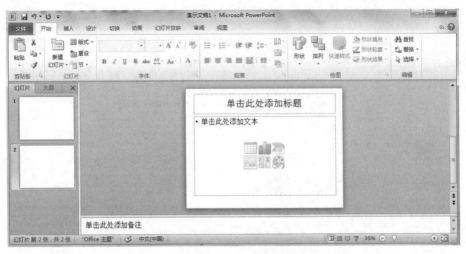

图 9-7 新建幻灯片

（2）选择第 2 张幻灯片，在"开始"选项卡下单击"新建幻灯片"按钮，单击"重用幻灯片"按钮，通过"浏览"按钮单击"浏览文件"选择重用幻灯片来源，分别选择演示文稿"第 1-2 节.pptx"和"第 3-5 节.pptx"，完成文稿的合并操作，如图 9-8 和图 9-9 所示。

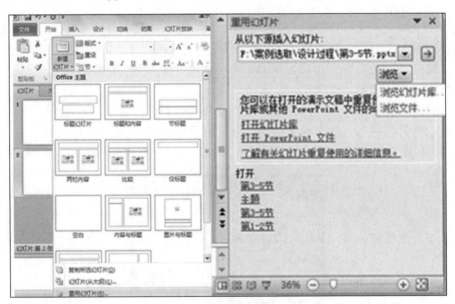

图 9-8 重用幻灯片按钮

说明：本例要求保留源幻灯片格式，重用幻灯片时要选中"保留源格式"。

（3）选择第 3 张幻灯片，在"开始"选项卡下单击"新建幻灯片"按钮，选择板式为"仅标题"，可在当前幻灯片的后面新建一张幻灯片；选择第 6 张幻灯片，在"开始"选项卡下单击"新建幻灯片"按钮，选择板式为"标题和内容"，可在当前幻灯片的后面新建一张幻灯片。

版式设置说明：

版式是指文本框、图片、表格、图表等在幻灯片上的布局（排列位置）。一般情况下，演示文稿的第 1 张幻灯片用来显示标题，所以默认为"标题幻灯片"版式。PowerPoint 2010 提供了多种幻灯片版式，如图 9-10 所示。

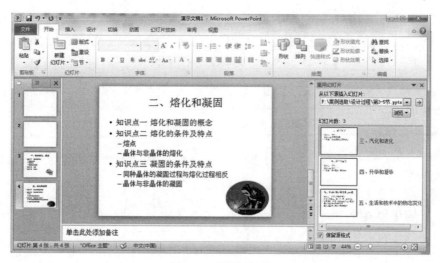

图 9-9　重用幻灯片

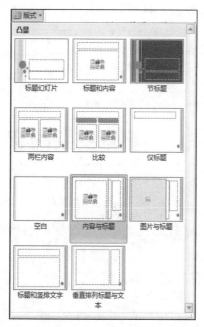

图 9-10　"版式"面板

9.2.4　字体与段落的设置

接下来需要对幻灯片内容进行编辑，包括在幻灯片中添加文本、编辑文本、设置项目符号和编号等操作。具体设置是通过"开始"选项卡下的功能组按钮对文本进行编辑，如设置文本的字体、字号、颜色、文字效果以及行距等，如图 9-11 所示。由于每张幻灯片基本上都会涉及到这些基本操作，下面仅通过选取第 2 张和第 9 张幻灯片的设置为例介绍字体与段落的基本设置。

图 9-11　文本格式设置面板

1. 第 2 张幻灯片的字体和段落设置

操作步骤如下：

（1）输入标题和内容文本。

标题为：本章主要内容

内容文本为：

　　一、物态变化、温度

　　二、熔化和凝固

　　三、汽化和液化

　　四、升华和凝华

　　五、生活和技术中的物态变化

（2）设置标题字体为华文琥珀、44 号、深蓝，如图 9-12 所示。

图 9-12　标题字体设置

（3）设置内容文本字体为华文彩云、28 号、红色。

（4）设置内容文本段落设置的文字方向为"竖排"，并拖动调整其显示位置，如图 9-13 所示。

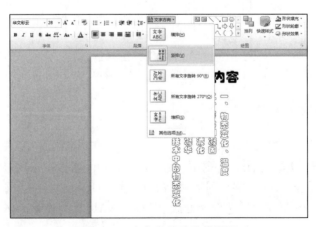

图 9-13　内容字体及段落设置

2. 第 9 张幻灯片项目符号和编号设置

设置要求：提高文本级别，一级文本添加项目符号，二级文本添加编号。具体如图 9-14 和图 9-15 所示。

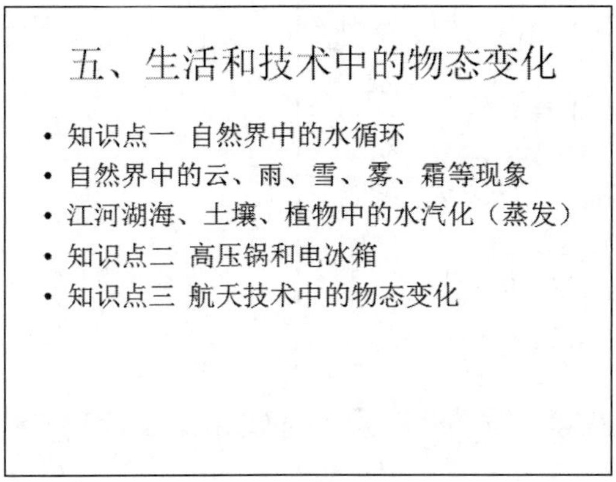

图 9-14　项目符号设置前 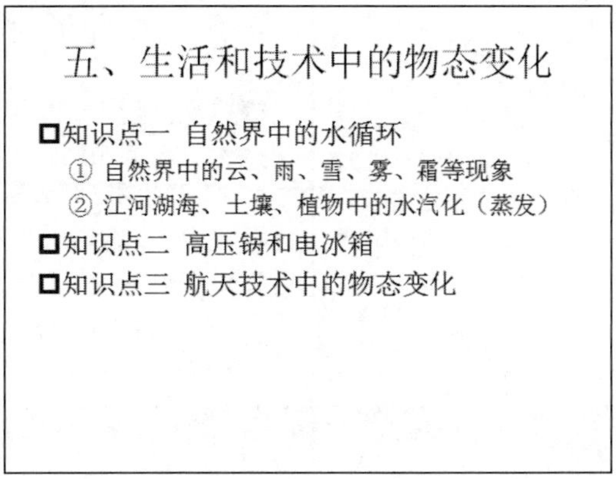　　　　图 9-15　项目符号设置后

操作方法如下：

（1）选中要设置的项目符号和编号的文本，单击"开始"选项卡→"段落"功能组中的"项目符号"按钮，在下拉列表中选择"项目符号和编号"，如图 9-16 所示。然后分别设置项目符号和编号，本例设置为：深蓝加粗空心方形项目符号，红色带圆圈编号。

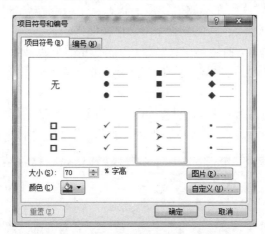

图 9-16　"项目符号和编号"对话框

（2）选中设置编号的文本通过"提高列表级别"按钮 完成列表的缩进，如图 9-17 所示。

9.2.5　插入表格、SmartArt 和页脚

我们知道，纯文本的演示文稿是单调的，在幻灯片中插入对象如：表格、图像、插图、文本等，会让文稿增加不少的活力。具体操作通过单击"插入"选项卡，选择相应的功能组来实现，如图 9-18 所示。

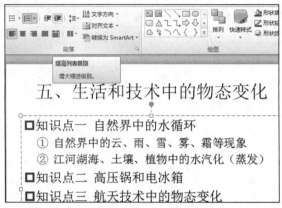

图 9-17 "提高列表级别"设置

图 9-18 "插入"菜单选择

本例操作要求：

（1）选中第 4 张幻灯片，在标题"物质的状态"下方制作一张射线列表式关系图，样例参考"关系图素材及样例.docx"，所需图片在素材文件夹中。

（2）选中第 7 张幻灯片，插入与素材"蒸发和沸腾的异同点.docx"文档中所示相同的表格。

（3）为幻灯片添加编号及页脚，页脚内容为"第一章　物态及其变化"。

操作步骤如下：

（1）选中第 4 张幻灯片缩略图，单击"插入"选项卡，在"插图"功能组中选择"SmartArt"，在弹出的"选择 SmartArt 图形"窗口中选择"关系"，类型为"射线列表"，如图 9-19 所示。

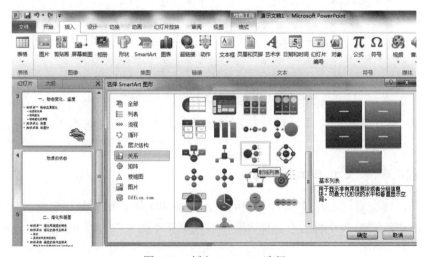

图 9-19 插入 SmartArt 选择

（2）单击 SmartArt 图形中的插入图片按钮，插入图片文件（物态图片.png）；单击 SmartArt 图形中的插入文本按钮，填写相应内容，选取结构图中的文本可进行格式设置；双击 SmartArt，弹出"SmartArt 工具"，如图 9-20 所示，通过功能选择可进一步设置"布局"和"SmartArt 样式"，设计过程如图 9-21 所示。

图 9-20　"SmartArt 工具"

图 9-21　设计过程

（3）选中第 7 张幻灯片缩略图，单击"插入"选项卡→"表格"按钮或选中幻灯片中的"插入表格"选项，如图 9-22 所示，在弹出的"插入表格"对话框中填写列数和行数值（本例为 6 行 4 列），单击"确定"按钮完成表格的插入。通过"表格工具"选项卡完成表格的详细设计，结果如图 9-23 所示。

图 9-22　"插入表格"选项

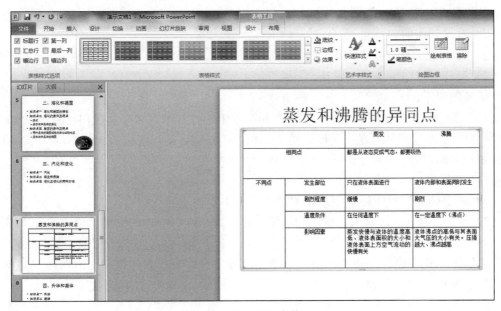

图 9-23　设置表格

说明：在 Word 2010 已经介绍了表格工具的具体使用，本例省略具体设计过程。

（4）单击"插入"选项卡→"页眉和页脚"按钮，弹出"页眉和页脚"对话框，勾选"幻灯片编号"和"页脚"复选框，在文本框内输入文字，如"第一章 物态及其变化"，如图 9-24 所示。

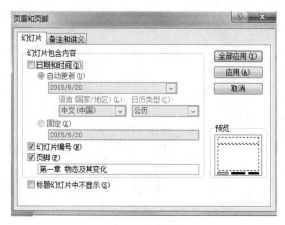

图 9-24　"页眉和页脚"对话框

单击"应用"按钮时仅在选定幻灯片有效，单击"全部应用"按钮则对本演示文稿所有幻灯片有效，本例为单击"全部应用"按钮。

9.2.6　创建超链接

超链接是实现从一个演示文稿快速跳转到其他演示文稿的捷径。通过超链接不但可以实现同一个演示文稿内的跳转和不同演示文稿间的跳转，而且可以在局域网或因特网上实现快速地切换。超链接既可以建立在普通文字上，还可以建立在剪贴画、图形对象等上面。

超链接的几种常见形式：

（1）有下划线的超链接。

（2）无下划线的超链接。

（3）以动作按钮表示的超链接。

本例操作要求：

将第 3 张幻灯片中文字"物质的状态"和第 6 张幻灯片中文字"蒸发和沸腾"分别以"有下划线"和"无下划线"的方式链接到第 4 张和第 7 张幻灯片，在最后一张幻灯片添加动作按钮返回第一张幻灯片。

操作步骤如下：

（1）选定第 3 张幻灯片中要建立超链接的文本"物质的状态"。

（2）单击"插入"选项卡下的"超链接"按钮，或右击，在快捷菜单中选择"超链接"命令，打开"插入超链接"对话框，在"链接到"列表框中选定要链接的文件或 Web 页，也可以在"地址"栏中输入需要的超链接，单击"确定"即可建立超链接。本例设置如图 9-25 所示，通过操作建立有下划线的超链接。

（3）单击"插入"选项卡下的"形状"按钮，选择"矩形"，在文本"蒸发和沸腾"上绘制矩形如图 9-26 所示。选中矩形，单击"超链接"按钮，打开"插入超链接"对话框，在"链接到"列表框中选择"文档中的位置",选择第 7 张幻灯片,单击"确定"即可建立无下划线的超链接。双击矩形弹出"绘图工具"选项卡,如图 9-27 所示。通过"形状样式"设置"形状填充"和"形状轮廓"实现矩形的隐藏;通过"排列"设置"下移一层"直到文本显示出来。

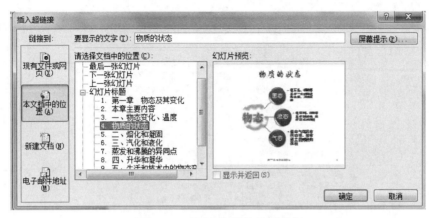

图 9-25 "插入超链接"对话框

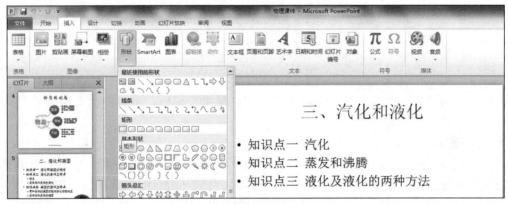

图 9-26 "插入形状"设置

图 9-27 "绘图工具"选项卡

(4)选择需插入动作按钮的最后一张幻灯片,单击"插入"选项卡下的"形状"按钮下半部分的向下箭头,在展开的形状面板中可看到多个动作命令按钮,选择动作按钮,如图 9-28 所示。

9.2.7 应用主题

主题是专业设计的,它包含了预先定义好的格式和配色方案。应用主题是演示文稿统一外观最有力、最快捷的一种方法，可以在任何时候应用到演示文稿中。PowerPoint 2010 提供了多种幻灯片模板，用户根据需要选择其中一种，也可自行设计自己心仪的模板。

图 9-28　动作按钮列表

例如，先为"物理课件"演示文稿全部应用"夏至"模板，再将演示文稿中的最后一张幻灯片的主题改为"时装设计"。

操作步骤如下：

（1）选中任意一张幻灯片缩略图，单击"设计"选项卡，在"主题"功能组中所罗列的系统模板中进行选择，单击"主题"右侧的向下箭头可展开所有的系统模板，如图 9-29 所示，例如这里选择"夏至"模板，则所有幻灯片将全部应用该模板。

图 9-29　模板面板

（2）选中最后一张幻灯片缩略图，将鼠标移至"时装设计"模板上方右击，在弹出的快捷菜单中选择"应用于选定幻灯片"选项，此时最后一张幻灯片的模板被更改为"时装设计"。

注意：

①若直接单击某个模板，则当前演示文稿中所有幻灯片将全部应用该模板，若想某张或某些幻灯片应用不同模板，则需要在想选取的模板上右击，在弹出的快捷菜单中选择"应用于选定幻灯片"，如图 9-30 所示。

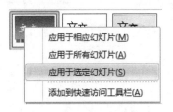

图 9-30　模板应用快捷菜单

②若要引用其他的主题，可单击图 9-29 中的"浏览主题"选项。

9.2.8　切换效果设置

"幻灯片切换"效果是指两张幻灯片之间过渡的效果。完美的幻灯片少不了切换效果和风格，给每张图片加上不同的切换效果，在演讲时幻灯片就像是播放动画一样。

例如，将演示文稿中的全部幻灯片的放映效果设置为："涟漪""每隔 2 秒"自动切换幻灯片、"风声"。

操作步骤为：单击"切换"选项卡，如图 9-31 所示，设置"换片方式"和"计时"，最后单击"全部应用"按钮，该设置将应用于演示文稿中的全部幻灯片。

图 9-31　切换幻灯片面板

注意：如果不选择"全部应用"，则只适用于选中的幻灯片，例如设置幻灯片 6、7、8 的换片方式为"蜂巢"。

9.2.9　设置自定义动画效果

为幻灯片上的对象设置各种出场的动画效果可以增强吸引力，这样的效果是通过"动画"菜单设置来完成的。

本例操作要求：

分别对第 4 张幻灯片上的 SmartArt 和第 7 张幻灯片上的表格对象设置适当的动画。

操作步骤如下：

（1）选定要添加动画的对象，例如第 4 张幻灯片中的 SmartArt，单击"动画"选项卡，在展开的动画功能组中选中某种动画，例如选择"形状"动画，如图 9-32 所示。在"效果选项"中选择"形状"→"圆"。

图 9-32 "动画"效果选项

（2）单击"动画"选项卡中的"动画窗格"，则在右侧动画窗格里可看到你所做的动画设置。

（3）选中某个动画右击，弹出的快捷菜单如图 9-33 所示。单击"效果选项"会弹出动画相应扩展对话框，例如在前面的"效果选项"中选择"圆"，则出现"圆形扩展"对话框，如图 9-34 所示，在对话框中可进行"声音""动画播放后效果""延时"等的设置。

图 9-33 动画窗格

图 9-34 "圆形扩展"对话框

（4）按同样的操作选择不同的动画效果设置第 7 张幻灯片中表格对象。

9.2.10 设置放映方式

幻灯片的输出方式主要是放映，根据幻灯片放映场合的不同，可设置不同的放映方式。通过"幻灯片放映"菜单可实现放映方式的设置，如图 9-35 所示。

图 9-35 "幻灯片放映"菜单

为了适合不同的放映场合，幻灯片应用不同的放映方式，单击"幻灯片放映"选项卡下的的"设置幻灯片放映"按钮，打开"设置放映方式"对话框，如图 9-36 所示。

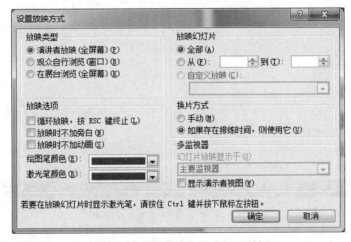

图 9-36 "设置放映方式"对话框

放映类型有以下 3 种：

（1）演讲者放映。演讲者放映是一种便于演讲者演讲的放映方式，也是传统的全屏幻灯片放映方式。在该方式下可以手动切换幻灯片和动画，或使用"幻灯片放映"选项卡下的"排练计时"按钮来设置排练时间。

（2）观众自行浏览。观众自行浏览是一种让观众自行观看的放映方式。此方式将在标准窗口中放映幻灯片，其中包含自定义菜单和命令，便于观众浏览演示文稿。

（3）在展台浏览。在展台浏览使用全屏模式放映幻灯片，如果 5 分钟没有收到任何指令会重新开始放映。在该方式下，观众可以切换幻灯片，但不能更改演示文稿。

选择其中一种，单击"确定"即可设置相应的放映方式。

幻灯片的放映可根据实际需要选择从头开始放映或从当前幻灯片开始放映，若想从头开始放映，可使用"幻灯片放映"选项卡下的按钮或按 F5 键；若想从当前幻灯片开始放映则可使用"幻灯片放映"选项卡下的按钮或直接单击右下角的按钮。演示文稿的放映可分为手动播放和自动播放两种方式，手动播放一般通过单击实现，而自动播放可根据排练时间或设置幻灯片切换时间来实现。

9.2.11 打包演示文稿

操作步骤如下：

（1）打开要打包的演示文稿。

（2）单击"文件"选项卡下的"保存并发送"选项，选择"将文稿打包成 CD"，如图 9-37 所示。

图 9-37　演示文稿打包成 CD 设置

（3）单击"打包成 CD"按钮，弹出"打包成 CD"对话框，如图 9-38 所示。选择要打包的文件后，单击"复制到文件夹"或"复制到 CD"按钮完成文件的打包输出。

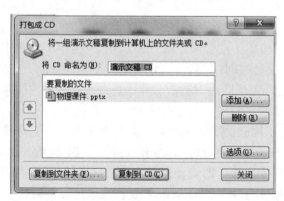

图 9-38　"打包成 CD"对话框

9.3　实例小结

通过本例，读者需要掌握 PowerPoint 2010 中演示文稿的创建和保存、新增幻灯片、文本编辑、项目符号和编号的添加、幻灯片版式和模板的设置、幻灯片中的图片插入和编辑、超链接的创建、动作按钮的添加、演示文稿放映方式的设置、演示文稿打包输出等操作方法。合理使用超链接和动作按钮可以增加演示文稿的交互性。在制作的过程中，特别要注意模板、切换效果等应用于单张幻灯片和全部幻灯片的操作方法。

9.4 拓展练习

为了更好地控制教材编写的内容、质量和流程，小李负责起草了图书策划方案（请参考"图书策划方案.docx"文件）。他需要将图书策划方案 Word 文档中的内容制作为可以向教材编委会进行展示的 PowerPoint 演示文稿。

现在，请你根据图书策划方案中的内容，按照如下要求完成演示文稿的制作：

1．创建一个新演示文稿，内容需要包含"图书策划方案.docx"文件中所有讲解的要点，包括：

（1）演示文稿中的内容编排需要严格遵循 Word 文档中的内容顺序，并仅需要包含 Word 文档中应用了"标题1""标题2""标题3"样式的文字内容。

（2）Word 文档中应用了"标题1"样式的文字，需要成为演示文稿中每页幻灯片的标题文字。

（3）Word 文档中应用了"标题2"样式的文字，需要成为演示文稿中每页幻灯片的第一级文本内容。

（4）Word 文档中应用了"标题3"样式的文字，需要成为演示文稿中每页幻灯片的第二级文本内容。

2．将演示文稿中的第一页幻灯片设置为"标题幻灯片"版式，标题为"Microsoft Office 图书策划案"。

3．将演示文稿中的第二页幻灯片设置为"仅标题"版式，标题为"目录"。同时将 Word 文档中应用了"标题1"样式的文字分别作为文本框文字顺序插入到本幻灯片中，设置每个文本框链接到对应幻灯片。

4．为演示文稿应用一个美观的主题样式。

5．在标题为"2012年同类图书销量统计"的幻灯片中插入一个6行5列的表格，列标题分别为"图书名称""出版社""作者""定价""销量"。

6．在标题为"新版图书创作流程示意"的幻灯片中，将文本框中包含的流程文字利用 SmartArt 图形展现。

7．为幻灯片设置适当的切换方式，以丰富放映效果。

8．在该演示文稿中创建一个演示方案，该演示方案包含第 1、2、4、7 页幻灯片，并将该演示方案命名为"放映方案1"。

9．在该演示文稿中创建一个演示方案，该演示方案包含第1、2、3、5、6页幻灯片，并将该演示方案命名为"放映方案2"。

10．保存制作完成的演示文稿，并将其命名为"图书策划案.pptx"。

第 10 章　大学生求职简历演示文稿制作

学习目标

- 掌握字体与段落的设置方法
- 掌握应用主题的方法
- 掌握在幻灯片中插入形状的方法
- 掌握在幻灯片中插入图片的方法
- 掌握在幻灯片中插入表格的方法
- 掌握图表的制作
- 掌握自定义动画设置技巧
- 综合应用各类对象的展现问题的能力

10.1　实例简介

在越来越激烈的市场竞争中，大学生求职简历的设计就显得尤为重要，怎样快速、直观的展现自己呢？大学生求职简历的设计模板非常的多，按照求职简历的基本设计规范，结合各种模板，我们整理出以表格形式展现内容的素材，素材文件为"个人简历.doc"。基于这样的素材内容来设计大学生求职简历演示文稿。一个好的求职演示文稿，不能仅靠呆板枯燥的文字说明，而应该通过多运用 PowerPoint 提供的图示、图表功能、动画设置来达到图文并茂、生动美观、引人入胜的效果。

本例将通过制作一份"大学生求职简历文稿"来讲述利用 PowerPoint 2010 软件制作幻灯片的方法。通过本例，将向读者介绍在 PowerPoint 2010 中综合应用各种技巧快速、生动的展示个人魅力，"大学生求职简历"的效果如图 10-1 所示。

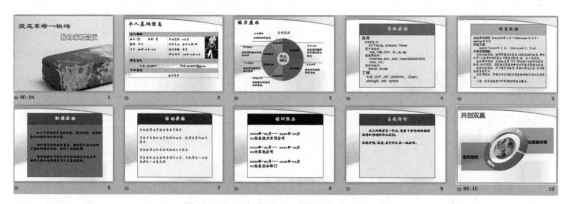

图 10-1　"大学生求职简历"的效果图

10.2 实例制作

【实例要求】

基于已整理出的大学生个人信息素材文件－"个人简历.doc",制作演示文稿,达到快速、简洁、生动的展现个人信息。

【操作提示】

(1) 收集、整理素材与分析处理信息。

(2) 应用已有主题和封面图片创建封面幻灯片。

(3) 应用已有表格数据、图片完成学生基本信息展示。

(4) 综合应用图表、文本框、形状等对象,充分使用组合、层叠位置、动画设置与超链接技术实现学生能力展示。

10.2.1 封面幻灯片设计

操作步骤:

(1) 启动 PowerPoint 2010,新建版式为"标题幻灯片"的空白演示文稿。

(2) 输入主标题为"我是革命一块砖"和副标题为"我的求职简历"。

(3) 单击"开始"选项卡,设置主标题文本字体为隶书、54 号、蓝色、加粗,设置副标题文本字体为华文彩云、44 号、红色。

(4) 选中第 1 张幻灯片,单击鼠标右键,在弹出菜单中选择"设置背景格式"。

(5) 在"设置背景格式"对话框中选择"图片或纹理填充",单击"文件"按钮,在"插入图片"对话框中选择文件"封面.png",如图 10-2 所示。最后,单击"插入"按钮。

(6) 选中第 1 张幻灯片,单击"设计"选项卡,在"主题"功能组单击"其他"图标,选择浏览主题,弹出"选择主题或主题文档"对话框,选择设计提供的文件主题,设计结果如图 10-3 所示。

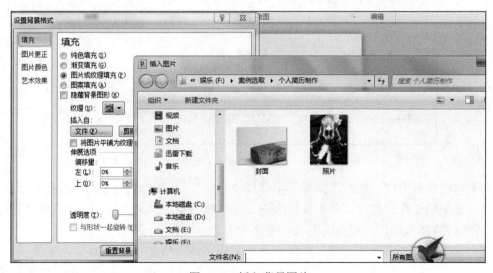

图 10-2 插入背景图片

图 10-3　封面幻灯片效果图

10.2.2　基本信息展示幻灯片设计

设计基本信息展示幻灯片能让用人单位第一时间了解应聘者的基础信息，了解应聘者的需求，这是非常必要和重要的。

操作步骤：

（1）选中第 1 张幻灯片，单击"开始"选项卡，单击"新建幻灯片"选择版式为"标题和内容"，建立第 2 张幻灯片。

（2）输入标题为"个人基础信息"，单击"开始"选项卡设置标题文本字体为华文行楷、40 号、红色、加粗。

（3）打开素材 Word 文档"个人简历"，选中个人基础信息（部分表格内容），如图 10-4 所示。

图 10-4　个人基础信息数据表格

（4）单击鼠标右键，在弹出的菜单中选择"复制"，复制个人基础信息数据表。

（5）选中第 2 张幻灯片，单击鼠标右键，在弹出的菜单"粘贴选项"中选择"保留源格式"完成表格的插入操作，根据版面调整表格大小。

（6）选中表格，单击"开始"选项卡设置表格字体为华文行楷、20 号、深蓝。

（7）单击"插入"选项卡，选择"插图"功能组中的"图片"，在弹出的"插入图片"

对话框中，选择提供的图片素材文件"照片.jpg"，完成照片的插入，调整大小和位置以适应表格的需要，结果如图 10-5 所示。

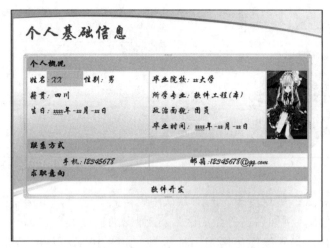

图 10-5　第 2 张幻灯片效果图

10.2.3　个人能力综合展示幻灯片设计

为了让用人单位能比较直观、清晰的知道应聘者的能力，最后制作一张能全面概括展示能力的幻灯片，下面我们将接着设计第 3 张幻灯片。

操作步骤：

（1）选中第 2 张幻灯片，单击"开始"选项卡，单击"新建幻灯片"选择版式为"标题和内容"，建立第 3 张幻灯片。

（2）输入标题为"能力展示"，单击"开始"选项卡设置标题文本字体为华文行楷、40号、深红、加粗。

（3）选中第 3 张幻灯片缩略图，单击"开始"选项卡，选择"插图"功能组中的"图表"，在弹出的"插入图表"对话框中选择"饼图"→"饼图"，操作如图 10-6 所示。

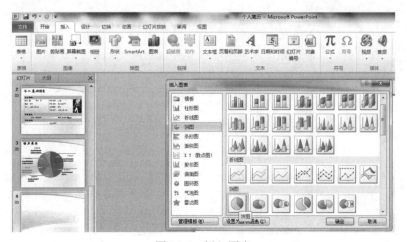

图 10-6　插入图表

（4）单击"确定"按钮，在弹出的 Excel 工作表中输入数据（数值以各项能力在整个展示中的权重比例来设置），如图 10-7 所示，幻灯片上出现相应的图表。最后关闭 Excel 工作表。

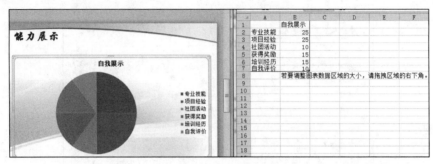

图 10-7　设置图表数据

（5）设置图表格式，美化图表。若对默认图表格式不满意，可选中图表某部分右击，在快捷菜单中选择修改项，例如右击"绘图区"，在弹出的快捷菜单中选择"设置绘图区格式"，如图 10-8 所示，弹出"设置绘图区格式"对话框，如图 10-9 所示，可进行"填充""边框颜色""边框样式"等的设置，本例不做设置。

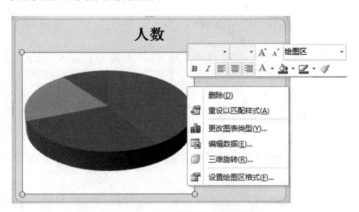

图 10-8　"绘图区"快捷菜单

图 10-9　"设置绘图区格式"对话框

（6）双击图表弹出"图表工具/设计"选项卡，选择"图表布局"功能组，选择"布局 5"，如图 10-10 所示。

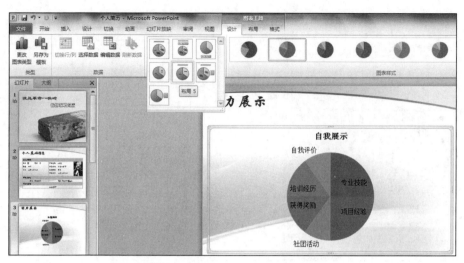

图 10-10　"图表工具"菜单操作

（7）选中图表中的"数据标签"，单击"开始"选项卡设置标题文本字体为楷体、18 号、深蓝、加粗。调整图表大小和位置以适应数据标签的需要。

（8）单击"插入"选项卡，单击"形状"按钮，在列表中选择"椭圆"，绘制椭圆，填充颜色为"黄色"，操作如图 10-11 所示。

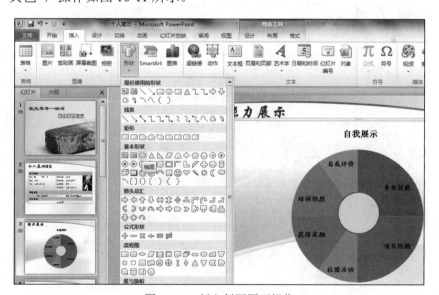

图 10-11　插入椭圆图形操作

（9）在椭圆图形中添加文字"个人能力"，字体设置为华文彩云、24 号、红色、加粗。

（10）单击"插入"选项卡，单击"形状"按钮，在列表中选择"直线"，插入直线。单击"文本框"，插入两个"横排文本框"，分别输入文本内容（具体见 Word 文档"个人简历"）并设置字体。

（11）选中直线和两个文本框，单击"开始"选项卡，选择绘图功能组中的"排列"，在下拉列表中完成"组合"与"置于顶层"设置，如图10-12所示。

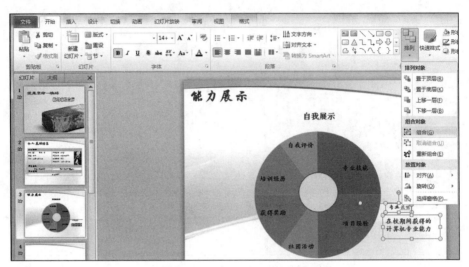

图10-12　组合与排列对象操作

（12）选中组合对象，复制5份，修改文本框文字描述，并设置文本格式分别为华文行楷、14、加粗、蓝色和楷体、18、加粗、红色。最后，移动组合对象以适应图表位置，设计结果如图10-13所示。

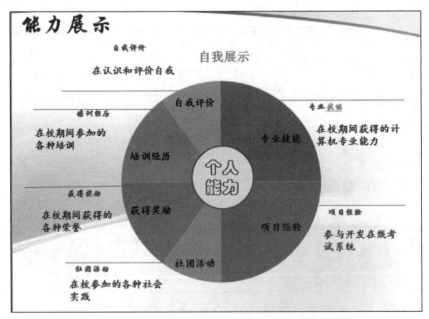

图10-13　第3张幻灯片设计效果图

（13）选中所有组合对象，单击"动画"选项卡，选择"动画"→擦除，选择"效果选项"→自左侧，选择"动画窗格"，通过鼠标拖拽设置组合对象播放的开始和结束时间，设置如图10-14所示。

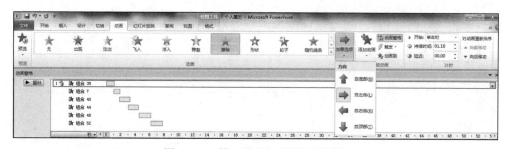

图 10-14　第 3 张幻灯片设计效果图

10.2.4　个人能力专项展示幻灯片设计

为了让聘用单位能更加详细的了解应聘者的个人能力，最好为每项专题做一张幻灯片用于详细展示。由于每项专题的设计过程基本相同，我们就以"专业技能"的展示幻灯片设计为例来讲解。

操作步骤：

（1）选中第 3 张幻灯片，单击"开始"选项卡，单击"新建幻灯片"选择版式为"空白"，建立第 4 张幻灯片。

（2）单击"插入"选项卡，分别选择"形状"为"矩形"和"同侧圆角矩形"，调整大小。

（3）单击"开始"选项卡，选中"同侧圆角矩形"对象，设置"形状填充"颜色为橙色，输入文字"专业技能"设置字体为华文行楷、36 号、红、加粗。选中"矩形"对象，设置"形状填充"颜色为茶色。

（4）打开素材文件"个人简历.doc"，复制对应内容，粘贴到本幻灯片，编辑和修改文字字体，本例设置标题：红色、28、加粗，正文：深蓝、18。

（5）调整所有对象的大小和位置，结果如图 10-15 所示。

图 10-15　第 4 张幻灯片设计效果图

（6）选中"矩形"对象和文本框对象，单击"开始"选项卡，选择"排列"→"组合"完成对象组合操作。

（7）单击"动画"选项卡，设置"同侧圆角矩形"对象动画为"淡出"，设置"组合"对象"动画"为"擦除"，"效果选项"为"自顶部"。

（8）单击"动画窗格"，通过鼠标拖拽，设置对象播放的开始和结束时间，如图10-16所示。

图10-16　"动画窗格"设置

10.2.5　结束幻灯片设计

操作步骤：

（1）选中最后一张幻灯片，单击"开始"选项卡，单击"新建幻灯片"选择版式为"空白"，建立"结束"幻灯片。

（2）单击"插入"选项卡，选择"插图"功能组中的"图片"按钮，在弹出的"插入图片"对话框中选择提供的图片素材文件"结尾.jpg"，完成照片的插入，调整大小和位置以适应需要。

（3）单击"插入"选项卡，选择"文本"功能组中的"艺术字"按钮，在弹出的"插入艺术字"对话框中选择填充效果，本例选择最后一个（深黄），输入文字"谢谢！"，如图10-17所示。

图10-17　"艺术字"设置

（4）设置图片"动画"为"霹雳"，艺术字"动画"为"淡出"，可以通过"动画窗格"修改对象出场时间，本例不做修改（前面已经详细讲解了动画的设置过程）。

10.3　实例小结

通过本例，读者需要掌握在PowerPoint 2010中插入表格、图表、艺术字、设置背景、设置动画和应用主题的方法。在制作的过程中，要注意各种对象插入和编辑的步骤，为达到最佳视觉效果，还要综合其他知识的应用。

10.4 拓展练习

根据素材文件夹下的文件"PPT-素材.docx"和图片文件，按照下列要求建立文件名为"计算机发展简史.pptx"的演示文稿。

1．文稿包含七张幻灯片，设计第一张为"标题幻灯片"版式，第二张为"仅标题"版式，第三到第六张为"两栏内容"版式，第七张为"空白"版式；所有幻灯片统一设置背景样式，要求有预设颜色。

2．第一张幻灯片标题为"计算机发展简史"，副标题为"计算机发展的四个阶段"；第二张幻灯片标题为"计算机发展的四个阶段"，在标题下面空白处插入SmartArt图形，要求含有四个文本框，在每个文本框中依次输入"第一代计算机"……"第四代计算机"，更改图形颜色，适当调整字体字号。

3．第三张至第六张幻灯片的标题内容分别为素材中各段的标题，左侧内容为各段的文字介绍加项目符号，右侧为考生文件夹下存放相对应的图片，第六张幻灯片需插入两张图片（"第四代计算机-1.JPG"在上，"第四代计算机-2.JPG"在下）。在第七张幻灯片中插入艺术字，内容为"谢谢!"。

4．为第一张幻灯片的副标题、第三到第六张幻灯片的图片设置动画效果，第二张幻灯片的四个文本框超链接到相应内容幻灯片，为所有幻灯片设置切换效果。

第 11 章　电子相册演示文稿制作

学习目标

- 相册演示文稿的创建过程
- 利用图形框添加说明文字
- 插入并设置背景音乐
- 设置幻灯片切换效果
- 添加动画效果
- 设置排练计时
- 电子相册的保存、加密与打包
- 将相册演示文稿转换为视频文件

11.1　实例简介

随着数码相机的不断普及和计算机的广泛应用，人们可以更方便地拍摄照片却又不需要把拍摄的照片都冲印的时候，更多地选择了利用计算机来浏览和存储照片，电子相册制作软件就在这一过程中发挥了非常重要的作用。电子相册具有传统相册无法比拟的优越性：图、文、声、像并茂的表现手法，随意修改编辑的功能。通过电子相册制作软件，照片可以更加动态、更加多姿多彩地展现，可以更方便地以一个整体分发给亲朋好友，刻录在光盘上保存，或在影碟机上播放。如果你手中没有专门的电子相册制作软件，利用 PowerPoint 软件也能帮你轻松地制作出漂亮的电子相册。此外，在日常工作中，有时需要将一系列的宣传图片通过幻灯片的方式演示给客户看，同样也可以利用 PowerPoint 软件轻松快速地制作出图片宣传相册。PowerPoint 2010 增加了不少模板和主题（可以在网络下载主题），因此，制作出的幻灯片效果比起以前版本在美化方面有了一定的提高。不但如此，PowerPoint 2010 在幻灯片制作的细节处也有不少更新。

本例将通过制作一份"摄影社团优秀作品赏析"的电子相册来讲述利用 PowerPoint 2010 软件制作精美的 PPT 电子相册的方法。通过本例，将向读者介绍在 PowerPoint 2010 中运用相册、图形框、插入声音、切换效果、动画方案、排练计时、保存相册、打包相册的方法。"摄影社团优秀作品赏析"电子相册的效果如图 11-1 所示。

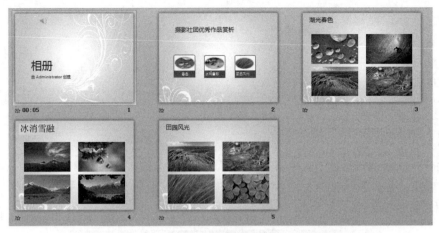

图 11-1　"摄影社团优秀作品赏析"最终效果图

11.2　实例制作

【实例要求】

校摄影社团在今年的摄影比赛结束后，希望可以借助 PowerPoint 将优秀作品在社团活动中进行展示。这些优秀的摄影作品保存在素材文件夹中，并以 Photo(1).jpg～Photo(12).jpg 命名。现在，请按照如下需求，在 PowerPoint 中完成制作工作：

（1）利用 PowerPoint 应用程序创建一个相册，并包含 Photo(1).jpg～Photo(12).jpg 共 12 幅摄影作品。在每张幻灯片中包含 4 张图片，并将每幅图片设置为"居中矩形阴影"相框形状。

（2）设置相册主题为文件夹中的"相册主题.pptx"样式。

（3）为相册中每张幻灯片设置不同的切换效果。

（4）在标题幻灯片后插入一张新的幻灯片，将该幻灯片设置为"标题和内容"版式。在该幻灯片的标题位置输入"摄影社团优秀作品赏析"；并在该幻灯片的内容文本框中输入 3 行文字，分别为"湖光春色""冰消雪融"和"田园风光"。

（5）将"湖光春色""冰消雪融"和"田园风光"3 行文字转换样式为"蛇形图片题注列表"的 SmartArt 对象，并将 Photo(1).jpg、Photo(6).jpg 和 Photo(11).jpg 定义为该 SmartArt 对象的显示图片。

（6）为 SmartArt 对象添加自左至右的"擦除"进入动画效果，并要求在幻灯片放映时该 SmartArt 对象元素可以逐个显示。

（7）在 SmartArt 对象元素中添加幻灯片跳转链接，使得单击"湖光春色"标注形状可跳转至第 3 张幻灯片，单击"冰消雪融"标注形状可跳转至第 4 张幻灯片，单击"田园风光"标注形状可跳转至第 5 张幻灯片。

（8）将文件夹中的"背景.mp3"声音文件作为该相册的背景音乐，并在幻灯片放映时即开始播放。

（9）将该相册保存为 PowerPoint.pptx 文件。

【操作提示】

（1）新建相册演示文稿。

（2）插入并设置背景音乐。
（3）设置幻灯片切换效果。
（4）添加动画效果。
（5）创建超链接。
（6）保存和加密电子相册。

11.2.1 新建相册演示文稿

（1）启动 PowerPoint 2010，单击"新建"→"空白演示文稿"→"创建"命令。

（2）单击"插入"选项卡→"相册"按钮→"新建相册"命令，打开"相册"对话框，如图 11-2 和图 11-3 所示。

图 11-2　"插入"相册操作

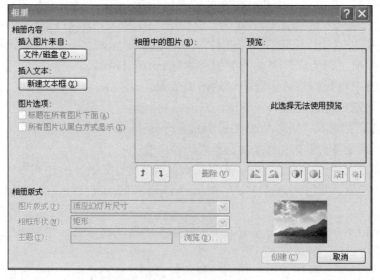

图 11-3　"相册"对话框

（3）单击"文件/磁盘"按钮，打开"插入新图片"对话框，如图 11-4 所示，通过单击"查找范围"右侧的下拉按钮，定位到相片所在的"素材"文件夹。同时按下 Ctrl+A 组合键选中"素材"文件夹的所有图片文件，然后单击"插入"按钮返回"相册"对话框。在"相册中的图片"列表选中需要编辑的图片，通过上下箭头按钮可调整图片先后顺序，通过旋转按钮可旋转图片，通过对比度按钮可调整图片对比度，通过亮度按钮可调整图片的亮度。最后，单击"确定"完成创建。

图 11-4 "插入新图片"对话框

提示：在选中相片时，按住 Shift 键或 Ctrl 键，可以一次性选中多个连续或不连续的图片文件。

（4）在"相册"对话框的"相册版式"区域中，单击"图片版式"右侧的下拉按钮，在下拉列表中选择图片版式，选择"4 张图片（带标题）"选项；单击"相框形状"右侧的下拉按钮，在下拉列表中选择相框形状，选择"居中矩形阴影"选项；单击"主题"右侧的"浏览"按钮，弹出"选择主题"对话框，选择素材文件夹中的"相册主题.pptx"样式主题，单击"确定"按钮返回"相册"对话框，设置过程如图 11-5 所示。

图 11-5 "相册"对话框设置

（5）单击"创建"按钮，图片被一一插入到演示文稿中，效果如图 11-6 所示。

（6）单击左侧幻灯片缩略图，分别选中每一张幻灯片，依次为每一张幻灯片的相片配上标题，例如，单击第二张幻灯片缩略图，在第二张幻灯片编辑区的标题文本框中输入"湖光春色"，其余依此输入"冰消雪融"和"田园风光"，如图 11-7 所示。

（7）选择第 1 张幻灯片，在"开始"选项卡中单击"新建幻灯片"按钮，选择板式为"标题和内容"，在该幻灯片的标题位置输入"摄影社团优秀作品赏析"，并在该幻灯片的内容文本框中输入 3 行文字，分别为"湖光春色""冰消雪融"和"田园风光"。

图 11-6　初始效果图

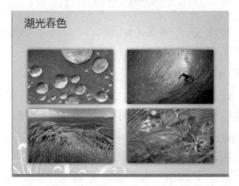

图 11-7　第二张幻灯片效果

（8）选中"湖光春色""冰消雪融"和"田园风光"3 行文字，在"开始"选项卡中单击"转换为 SmartArt"按钮，在选择"其他 SmartArt 图形"中选择图形为"蛇形图片重点列表"，具体设置如图 11-8 所示。

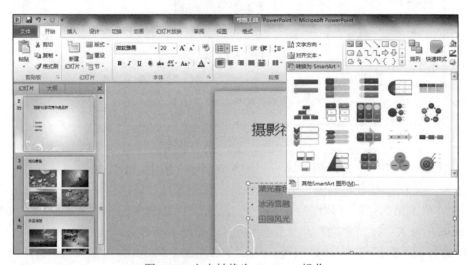

图 11-8　文本转换为 SmartArt 操作

（9）为选中形状为"蛇形图片重点列表"的 SmartArt 对象分别设置图片（对应图片分别是 Photo(1).jpg、Photo(6).jpg 和 Photo(11).jpg）和文字，结果如图 11-9 所示。

图 11-9　图片和文字设置结果

11.2.2　插入并设置背景音乐

为了增强相册的观赏性，通常给相册添加优美的背景音乐来增加听觉效果。插入背景音乐的具体步骤如下：

（1）准备一个音频文件，选中第一张幻灯片缩略图，单击"插入"选项卡→"音频"按钮→"文件中的音频"选项，如图 11-10 所示。打开"插入音频"对话框，，选中"素材"文件夹中的音频文件"背景音乐.mp3"，单击"插入"按钮将音频插入到第 1 张幻灯片中，此时幻灯片中出现一个小喇叭标记。

图 11-10　"插入音频"操作

（2）选中上述小喇叭标记，双击，在屏幕上方弹出"音频工具"菜单，选择"播放"，如图 11-11 所示。通过播放设置，可以控制播放，本例设置为："开始"设置为自动；选中"循环播放，直到停止"；选中"放映时隐藏"。结果如图 11-11 所示，通过设置可实现幻灯片放映时即开始循环播放。

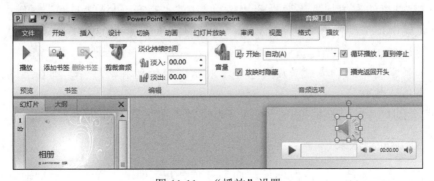

图 11-11　"播放"设置

（3）更多播放控制可通过"播放"菜单来设置，其中"音量"按钮可以设置音乐开始播放的音量大小；"开始"右侧的下拉列表，可以设置音乐开始的方式，具体如图 11-12 和图 11-13 所示。

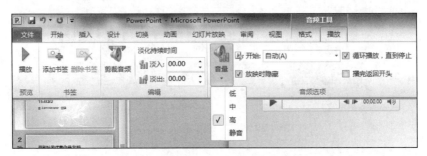

图 11-12 "音量"对话框

图 11-13 "开始"选项卡

11.2.3 设置幻灯片切换效果

幻灯片切换效果是在演示期间从一张幻灯片移到下一张幻灯片时在"幻灯片放映"视图中出现的动画效果。切换效果分为三大类：细微型、华丽型、动态内容。可以控制切换效果的速度，添加声音，甚至还可以对切换效果的属性进行自定义。为了增强幻灯片的放映效果，可以为每张幻灯片设置切换方式，以丰富幻灯片的过渡效果。具体步骤如下：

（1）选中需要设置切换方式的幻灯片缩略图，例如选中第 3 张幻灯片缩略图，单击"切换"菜单工具栏中的一种切换效果，如单击"碎片"效果。

（2）在工具栏的右方根据需要设置"效果选项""声音""持续时间""换片方式"等选项，如将"效果选项"设置为"粒子输入"，"持续时间"设置为 03.00，"换片方式"选择"单击鼠标时"等，如图 11-14 所示。

注意：如果需要将此切换效果应用于整个演示文稿的所有幻灯片，则在上述任务窗格中单击"全部应用"按钮。

（3）其余幻灯片的切换根据自己的喜好来设置，在此就不再赘述。

11.2.4 添加动画效果

动画是演示文稿的精华，可以增加相册的动感效果，使自己的相册更加绚丽夺目。在演示文稿中可以把文本、图片、形状、表格、SmartArt 图形和其他对象制作成动画,赋予它们进入、退出、大小或颜色变化甚至移动等视觉效果。PowerPoint 2010 中有以下 4 种不同类型的动画效果:

(1)"进入"效果。例如,可以使对象逐渐淡入焦点、从边缘飞入幻灯片或者跳入视图中。

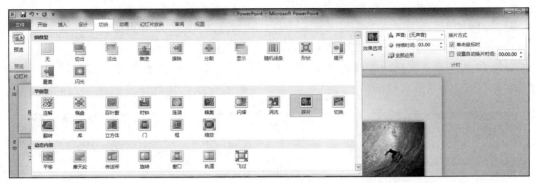

图 11-14 "切换"设置

(2)"退出"效果。这些效果包括使对象飞出幻灯片、从视图中消失或者从幻灯片旋出。
(3)"强调"效果。这些效果的示例包括使对象缩小或放大、更改颜色或沿着其中心旋转。
(4)"动作路径"效果。使用这些效果可以使对象上下移动、左右移动或者沿着星形或圆形图案移动(与其他效果一起)。

可以单独使用任何一种动画,也可以将多种效果组合在一起。例如,可以对一行文本应用"强调"进入效果及"陀螺旋"强调效果,使它旋转起来。在画中尤其以"进入"动画最为常用。

本例添加动画效果的具体步骤如下:
(1)选中第 2 张幻灯片上的 SmartArt 对象。
(2)单击"动画"选项卡,在对应的功能组中选择 "擦除"效果。
(3)在按钮的右方设置"效果选项",方向为"自左侧",序列为"逐个"。
设置过程如图 11-15 所示。

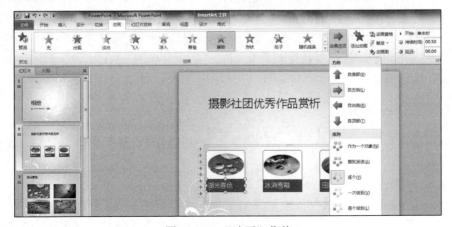

图 11-15 "动画"菜单

11.2.5 创建超链接

本例操作要求：

对第 2 张幻灯片上的 SmartArt 对象元素中添加幻灯片跳转链接，使得单击"湖光春色"标注形状可跳转至第 3 张幻灯片，单击"冰消雪融"标注形状可跳转至第 4 张幻灯片，单击"田园风光"标注形状可跳转至第 5 张幻灯片。

操作步骤如下：

（1）选定 SmartArt 对象元素中的"湖光春色"标注形状

（2）单击"插入"选项卡下的"超链接"按钮，在"链接到"列表框中选择"在文档中的位置"，选择"3.湖光春色"，单击"确定"按钮即可建立超链接，如图 11-16 所示。

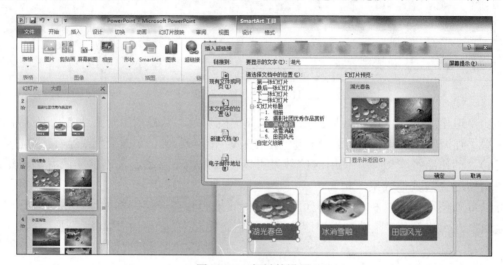

图 11-16　超链接设置

（3）依据上述方法，完成后面两个链接设置。

11.2.6 保存电子相册

完成相册制作后，最后将相册演示文稿保存为自动放映的方式，这样打开相册的时候就直接进入放映方式而不会进入编辑窗口，保存为放映方式的方法如下：单击"文件"选项卡，选择"另存为"选项，弹出"另存为"对话框，在该对话框中选择保存的位置，输入保存的文件名，如"PowerPoint"，保存类型选择"PowerPoint 放映"即 ppsx 格式，如图 11-17 所示，单击"保存"按钮即可。

11.2.7 加密电子相册

如果不希望别人打开自己制作的电子相册，可以通过设置打开密码来限制。设置打开密码的步骤如下：

（1）单击"文件"选项卡→"信息"命令。

（2）单击"保护演示文稿"按钮，弹出下拉菜单，如图 11-18 所示。

（3）单击"用密码进行加密"选项，弹出"加密文档"对话框，如图 11-19 所示。

第 11 章　电子相册演示文稿制作

图 11-17　"另存为"对话框

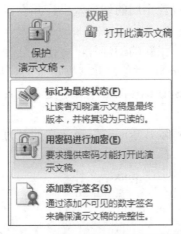

图 11-18　"保护演示文稿"下拉菜单

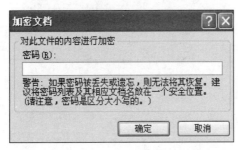

图 11-19　"加密文档"对话框

（4）输入自定义的密码后单击"确定"按钮，重新输入自定义的密码，再次单击"确定"按钮。

（5）单击"保存"按钮对所做的修改进行保存，至此，电子相册加密完成。

11.3　实例小结

通过本例，读者需要掌握在 PowerPoint 2010 中创建电子相册，插入图形框、背景音乐，设置切换效果、动画效果，保存相册，加密相册等方法。在制作过程中，首先要注意插入照片的步骤，其次要注意根据表达的需要恰当地使用一些动画效果，使其达到最佳视觉效果，最后要注意所有的图片、音频文件和演示文稿文档应该保存到同一路径中，避免在播放的过程中出现链接错误的现象。

11.4　拓展练习

使用大学生活图片素材，利用 PowerPoint 2010 制作一份"我的大学"电子相册，要求如下：

（1）利用 PowerPoint 应用程序创建一个相册，包含素材中的所有照片，并适当修改照片位置；相册标题修改为"我的大学"；为幻灯片设置相同的主题样式。

（2）根据图片名称设置每张幻灯片标题为照片中的主题。

（3）为相册中每张幻灯片设置不同的切换效果，并设置每张幻灯片中图片为相同的动画效果。

（4）在标题幻灯片后插入一张新的幻灯片，将该幻灯片设置为"仅标题"版式。在该幻灯片中插入"射线循环"的 SmartArt 对象，并根据每张幻灯片主题进行设置。

（5）为第二张幻灯片中的 SmartArt 图形中各个主题设置超链接，链接位置为相对应的幻灯片位置。

（6）将素材文件夹中的"背景音乐.mp3"声音文件设为该相册的背景音乐，并在幻灯片放映时即开始播放。

（7）将该相册保存为"我的大学.pptx"文件。